ISW 12

Berichte aus dem Institut für Steuerungstechnik
der Werkzeugmaschinen und Fertigungseinrichtungen
der Universität Stuttgart

Herausgegeben von Prof. Dr.-Ing. G. Stute

E. Bauer

Rechnerdirektsteuerung von Fertigungseinrichtungen

Beitrag zur Systematik und Auslegung

Springer-Verlag
Berlin · Heidelberg · New York 1975

Mit 66 Abbildungen

ISBN-13 : 978-3-540-07352-9
e-ISBN-13 : 978-3-642-80964-4
DOI : 10.1007 / 978-3-642-80964-4

Vorwort des Herausgebers

Das Institut für Steuerungstechnik der Werkzeugmaschinen und Fertigungseinrichtungen der Universität Stuttgart befaßt sich mit den neuen Entwicklungen der Werkzeugmaschine und anderen Fertigungseinrichtungen, die insbesondere durch den erhöhten Anteil der Steuerungstechnik an den Gesamtanlagen gekennzeichnet sind. Dabei stehen die numerisch gesteuerte Werkzeugmaschine in Programmierung, Steuerung, Konstruktion und Arbeitseinsatz sowie die vermehrte Verwendung des Digitalrechners in Konstruktion und Fertigung im Vordergrund des Interesses.

Im Rahmen dieser Buchreihe sollen in zwangloser Folge drei bis fünf Berichte pro Jahr erscheinen, in welchen über einzelne Forschungsarbeiten berichtet wird. Vorzugsweise kommen hierbei Forschungsergebnisse, Dissertationen, Vorlesungsmanuskripte und Seminarausarbeitungen zur Veröffentlichung.

Diese Berichte sollen dem in der Praxis stehenden Ingenieur zur Weiterbildung dienen und helfen, Aufgaben auf diesem Gebiet der Steuerungstechnik zu lösen. Der Studierende kann mit diesen Berichten sein Wissen vertiefen.

Unter dem Gesichtspunkt einer schnellen und kostengünstigen Drucklegung wird auf besondere Ausstattung verzichtet und die Buchreihe im Fotodruck hergestellt.

Der Herausgeber dankt dem Springer-Verlag für Hinweise zur äußeren Gestaltung und Übernahme des Buchvertriebs.

Stuttgart, im Februar 1972

Gottfried Stute

Inhaltsverzeichnis

Seite

Seite

Schrifttum

[1] Stute, G. u.a. Flexible Fertigungssysteme. wt-Z. ind. Fertig. 64 (1974) Nr. 3, S. 147...156.

[2] Kuhnert, H. Wirtschaftlichkeitsbetrachtungen aus der Sicht des Verbrauchers. In: Tagungsbroschüre des ICM '70 - Internationaler Congress für Metallbearbeitung, hrsg. vom VDW-Verein Deutscher Werkzeugmaschinenfabriken e.V., Frankfurt, 1970.

[3] Adam, W. Informationsfluß in rechnergeführten Fertigungssystemen unter besonderer Berücksichtigung der erforderlichen Systemelemente. Berlin, Techn. Univ., Dr.-Ing.-Diss., 1973.

[4] Stute, G. Victor, H. DNC-CNC-PC. Der Einsatz von Prozeßrechnern bei der Steuerung von Werkzeugmaschinen. wt-Z. ind. Fertig. 63 (1973) Nr. 6, S. 323...326.

[5] Direktsteuerung mit Hilfe von Digitalrechnern. VDI-Richtlinien. VDI 3424. Düsseldorf: VDI-Verlag 1972.

[6] Schmid, D. Interpolation bei numerischen Bahnsteuerungen. Steuerungstechnik 2 (1969) Nr. 9, S. 342...349.

[7] Nann, R. Einsatz von Prozeßrechnern zur Steuerung von Werkzeugmaschinen (Teil 2). Essen: Girardet-Verlag: HGF-Kurzberichte (Lose-Blattsammlung) Blatt 73/37.

[8] Sinumerik 580 (CNC).
Kurzbeschreibung E 236/SG 503.658/Ste.
München: Siemens AG. 1972.

[9] UMAC + ESP.
Kurzbeschreibung GE - SBR-6534.
Hrsg. Sperry Rand, VICKERS-UMAC, 1972.

[10] Nann, R. Beitrag zur Automatisierung der Fertigung durch den Einsatz von Digitalrechnern.
Stuttgart, Techn. Univ., Dr.-Ing.-Diss., 1972.

[11] Wentz, W. Beitrag zur Automatisierung der Steuerung von Fertigungsprozessen durch den Einsatz von Digitalrechnern.
Berlin, Techn. Univ., Dr.-Ing.-Diss., 1973.

[12] Lücke, P. Möglichkeiten beim Einsatz von Prozeßrechnern zur direkten numerischen Steuerung von Werkzeugmaschinen.
Aachen, Techn. Hochsch., Dr.-Ing.-Diss., 1970.

[13] Das MCAIR-Konzept.
Kurzbeschreibung.
Hrsg. MC DONNELL DOUGLAS Aircraft Corporation, 1972.

[14] Das ACTROL-Konzept.
Kurzbeschreibung.
Hrsg. MC DONNELL DOUGLAS Aircraft Corporation, 1972.

[15] Klemer, A.
Linnemann, F. Auswahl eines NC-Konzepts.
Unveröffentlichter Bericht der Fa. MBB, Augsburg, 1972.

[16] FANUC: System - TO.
Hrsg. Fujitsu Fanuc Ltd., Tokyo, 1972.

[17] Mesniaeff, P.G. The Technical Ins and Outs of Computerized Numerical Control. Control Engineering, March 1971, S. 65...84.

[18] Martin, R.B. Computer Control of Machine Tools. Technical paper MS 72 - 242. Hrsg. Society of Manufacturing Engineers, Dearborn, USA, 1972.

[19] Wick, Ch.H. Computer Control at the Shows. Machinery 76 (1970) Nr. 16, S. 46...53.

[20] Marx, H.J. Stute, G. Automatisierung - die heutige Form der Rationalisierung im Industriebetrieb. Z. VDI 109 (1967) Nr. 27, S. 1259...1266.

[21] Bauer, E. Abänderung der numerischen Steuerung bei DNC-Anschluß. Unveröff. Bericht des Instituts für Steuerungstechnik der Werkzeugmaschinen und Fertigungseinrichtungen, Universität Stuttgart, 1973.

[22] Walker, T. Direkte Steuerung von NC-Maschinen mit dem IBM-System /7. Vortrag auf dem IBM-Seminar "Technik und Einsatz von Prozeßrechnern", Sindelfingen, 23...24. Januar 1974.

[23] Damsohn, H. Statistische Auswertung von NC-Programmen. Unveröff. Bericht des Instituts für Steuerungstechnik der Werkzeugmaschinen und Fertigungseinrichtungen, Univ. Stuttgart, 1973.

[24] Statistische Auswertung von NC-Programmen. Unveröff. Bericht der Fa. INDEX-Werke KG Hahn & Tessky, Esslingen, 1972.

[25] Statistische Auswertung von NC-Programmen.
Unveröff. Bericht der Fa. Siemens AG, München, 1972.

[26] Meschkowski, H. Wahrscheinlichkeitsrechnung.
Hochschultaschenbücher Bd. 285/285a.
Mannheim, Zürich: Bibliographisches Institut 1968.

[27] Herzog, U. Wartezeitprobleme der Daten- und Nachrichtenverkehrstheorie.
Manuskript zur Vorlesung, Techn. Univ. Stuttgart, 1972.

[28] Togino, K. Inaba, S. Direct Numerical Control System T-10.
In: Computer Languages for Numerical Control.
Amsterdam: North Holland Publishing Company 1973, S. 677...686.

[29] Richards, J.B. Application of automatic tool setting, air-bearing spindles and Laser interferometer feedback to contour machining.
In: Advances in Machine Tool Design and Research.
Oxford, New York: Pergamon Press 1967, S. 335...349.

[30] Cain, W.D. Automatic Tool Setters.
Technical paper Y - NA - 223.
Hrsg. National Technical Information Service, U.S. Departement of Commerce, Springfield, Virginia, USA, December 1972.

[31] Philips NC 5500.
Druckschriften der Fa. Philips Elektronik Industrie GmbH, Abt. Werkzeugmaschinensteuerungen, 1973.

[32] Stute, G. — Bauelemente und Verfahren der Steuerungstechnik.
In: Fertigungstechnisches Kolloquium '70.
VDI-Berichte Nr. 166, S. 129...138.
VDI-Verlag, Düsseldorf, 1971.

[33] Karl, B. — Die Automatisierung der Fertigungsvorbereitung am Beispiel der NC-Programmierung für 2 1/2-dimensionales Fräsen.
Stuttgart, Techn. Univ., Dr.-Ing.-Diss., 1972.

[34] Rosenkranz, W.
Ulfers, H. — Überlegungen zum Aufbau eines DNC-Systemgenerators.
CIRP-Beitrag, Stockholm, 1972.

[35] Ferschl, F. — Zufallsabhängige Wirtschaftsprozesse.
Wien, Würzburg: Physica-Verlag 1964.

[36] Schüring, A. — Organisation und Steuerung von rechnergeführten Fertigungssystemen.
PDV-Kolloquium am 27.6.1973, Berlin.
Unveröffentlichter Vortrag des Werkzeugmaschinenlabors der TH Aachen, 1973.

[37] Gordon, G. — Systemsimulation.
München, Wien: R. Oldenbourg Verlag 1972.

[38] Studer, F.
Waibel, G. — Nahtstellenprobleme beim direkten Führen numerisch gesteuerter Werkzeugmaschinen mit einem Prozeßrechner.
Siemens-Z. 44 (1970) Beiheft "Numerische Steuerungen", S. 38...46.

[39] Wentz, W. — Auslegung der Speicher einer Prozeßrechneranlage am Beispiel eines DNC-Systems.
ZwF 68 (1973) Nr. 7, S. 319...324.

[40] Stute, G. Bauer, E. Steuerungssystem für ein flexibles Fertigungssystem. wt-Z. ind. Fertig. 64 (1974) Nr. 3, S. 157...160.

[41] Bibliography on Simulation. Hrsg. IBM Corp., Form No. 320-0924, 1966.

[42] Kelley, R.A. Analysis and Simulation of Minicomputers for DNC. University of Pennsylvania, USA, Diss., 1972.

[43] Bauer, E. Simulation eines DNC-Systems. Steuerungstechnik 5 (1972) Nr. 7/8, S. 187...190.

[44] Kampe, G. SIMSCRIPT. Braunschweig: Friedr. Vieweg & Sohn, 1971.

[45] Jetter, H. Spieth, U. Untersuchung zur zeitdiskreten Sollwertvorgabe an den Lageregelkreis. wt-Z. ind. Fertig. 64 (1974) Nr. 10, S. 626...633.

[46] Kümmerle, K. Ein Vorschlag zur Berechnung der Vertrauensintervalle bei Verkehrstests. A.E.Ü. Band 23 (1969) H. 10, S. 507... 511.

[47] Schneeweiss, H. Fragen der statistischen Absicherung von Simulationen. In: Lehrgangshandbuch BW 2261 zu "Operations Research, Simulation Technischer Probleme". Düsseldorf: VDI-Verlag 1972.

[48] Klinge, R. Waibel, G. Fertigungsautomatisierung mit numerischen Steuerungen und Rechnern. RT-Praxis und Prozeßrechnertechnik 13 (1971) H. 1, S. 3...13.

[49] Sinnbilder für Zubringeeinrichtungen und Arbeitsmaschinen. VDI-Richtlinien. VDI 3260 u. VDI 3239. Düsseldorf: VDI-Verlag 1971.

[50] Stute, G. DNC. Vortrag anläßlich der Jahresversammlung der Hochschulgruppe Fertigungstechnik, Konstanz, April 1972.

[51] Opitz, H. Eversheim, W. Planung und Organisation rechnergesteuerter Fertigungssysteme. CIRP-Ann. 23 (1974) Nr. 1, S. 159... 160.

Abkürzungsverzeichnis

BTR	Behind Tape Reader
BZ	Bearbeitungszentrum
CNC	Computer Numerical Control
DNC	Direct Numerical Control
DNC-BTR	DNC-System im BTR-Modus
DNC-CNC	DNC-System mit CNC-Steuerungen
DNC-RST	DNC-System mit Rumpf- oder Reststeuerungen
DV	Datenverteilung
E/A	Ein- u. Ausgabeperipherie des Digitalrechners
FI	Feininterpolator
FS	Funktionssteuerung
FNS	Aufgaben der numerischen Steuerung werden durch Rechnerprogramme realisiert
HR	Hardwarerest
HS	Hauptspeicher der NC
IR	Interpolationsrechner
LK	Lochkarten
LS	Lochstreifen
M-CNC	Mehrmaschinen - CNC
NC	Numerical Control (numerische Steuerung)
PL	Peripherer Speicher bzw. Externspeicher
RE	Datenverteilrechner (mit Externspeicher und Wechselpffer im Zentralspeicher)
RST	Rest- oder Rumpfsteuerung
VS	Vorspeicher der NC
WZM	Arbeitsmaschine (auch: Werkzeugmaschine, Fertigungseinrichtung, Bearbeitungszentrum)

Formelzeichen und Einheiten

A	-	Rufzahl des Anrufprozesses bei unabhängigen Teiltests
a	-	abgearbeitete Rufe je NC, bezogen auf die Gesamtrufzahl aller NC
c	s	Rechnerorganisationszeit je NC-Ruf
c_R	-	Rechnerwortlänge in Bit
c_W	-	NC-Wortlänge in Bit
E(X)	-	Erwartungswert (Mittelwert) der Zufallsgröße X
e	-	maximal zulässige Abweichung vom Mittelwert
f(x,T)	-	Funktion von x und T
GZ	s	Gesamtlaufzeit des NC-Programms
H_X	-	Zahl der Anforderungen an den peripheren Speicher durch Hintergrundaufgaben (externe Last)
HS_R	-	Hauptspeicher im Zentralspeicher
K	-	Zahl der NC-Steuersätze, die mit einem Datentransfer vom peripheren Speicher in den Zentralspeicher nachgeladen werden
K_{min}	-	Minimalwert von K
K_{max}	-	Maximalwert von K
K_o	-	im Beobachtungszeitraum (Simulationsdauer) maximal bearbeitete Satzzahl
L	-	Programmlänge in NC-Sätzen
L_K	-	Länge der Warteschlange vor dem Koppelelement
L_W	-	Länge der Warteschlange vor dem Externspeicher
n	-	Zählvariable; Anzahl unabhängiger Teiltests
N	-	Anzahl der angeschlossenen Maschinen ($N \leqq N_o$)
N_o	-	maximal bedienbare (anschließbare) Maschinenzahl
N_{omax}	-	maximal vorgegebener Wert für N_o
N_{ox}	-	maximal bedienbare Maschinenzahl bei externer Last mit Priorität X
N_W	-	Pufferzahl im Zentralspeicher; ($N_W \leqq 2N$)
NR	-	Maschinennummer; identisch mit Priorität
NR_O	-	Maschinennummer der bei Priorität maximal bedienbaren Arbeitsmaschine

$p(T)$	-	Verteilung des Anrufabstands (s. Bemerkung bei T)
$P(<T)$	-	Summenhäufigkeit der Anrufabstandsverteilung
$p(L)$	-	Verteilung der Programmlänge
$P(<L)$	-	Summenhäufigkeit der Programmlängenverteilung
$p(T_P)$	-	Verteilung der Programmdauer
$P(<T_P)$	-	Summenhäufigkeit der Programmdauer
$p(Z)$	-	Verteilung der Satzlänge
$P(<Z)$	-	Summenhäufigkeit der Satzlängenverteilung
$p(P_H)$	-	Verteilung von P_H
P_H	-	Hauptzeitanteil des NC-Programms, bezogen auf GZ
RZ	-	bearbeitete Rufzahl im DNC-System
RZ_{max}	-	Maximalwert von RZ
s	-	Faktor zur Berechnung des Vertrauensintervalls
S	-	Scannerumlaufzeit, bezogen auf die minimale Segmentdauer
S_Z	-	Sektorzahl je NC auf dem Vorzugszylinder
s_A^2	-	Varianz der Rufzahlen A des Anrufprozesses
s_X^2	-	Varianz der Teiltestfolgen X_i
s_{XA}^2	-	Faktor zur Berechnung des Vertrauensintervalls
SP_{NC}	-	Zentralspeicherbedarf je NC in Rechnerworten
SP_R	-	Gesamtspeicherbedarf für alle NC in NC-Sätzen
t_v	-	Faktor v der Studentverteilung für 95 % Sicherheit
T	s	Anrufabstand zwischen zwei Datenanforderungen; im Normalfall identisch mit Satzdauer
T_{min}	s	Minimalwert von T
T_{KB}	-	Belegzeit des Koppelelements, bezogen auf T_S
T_P	s	Programmdauer
T_{PB}	-	Belegzeit des peripheren Speichers, bezogen auf T_S
T_R	-	Rufdauer eines NC-Rufs, bezogen auf die minimale Satzausgabezeit
T_{RB}	-	Belegzeit der Zentraleinheit, bezogen auf T_S
T_S	s	Simulationsdauer
T_{Smax}	s	maximale Zugriffszeit zum Externspeicher
T_{SC}	s	Scannerzeit je Reststeuerung

T_{seg}	s	Segmentdauer
$T_{ÜZ}$	s	Zeichenübertragungszeit je NC-Zeichen
T_{WH}	-	Hauptspeicherwartezeit der NC, bezogen auf T_S
T_{WHG}	-	Hauptspeicherwartezeit aller NC, bezogen auf T_S
Ü	-	Übertragungsverhältnis [39]
VS_R	-	Länge des Vorspeichers im Zentralspeicher in NC-Sätzen; identisch mit K
X	-	Anrufzahl; Priorität des externen Rufs; Zufallsgröße
x	-	unabhängige Variable
Z	-	Zeichenzahl je NC-Satz
Z_S	-	Speicherrufe je Priorität
Z_{Smax}	-	maximal bedienbare Speicherrufe
ΔT	s	kleinster gemessener Anrufabstand
λ	s^{-1}	Anrufrate
λ_B	s^{-1}	Kenngröße der neg.-ex. Bedienrate des Datenverteilrechners RE
λ_{NC}	s^{-1}	Kenngröße der neg.-ex. Anrufrate der NC
μ_L	-	mittlere Satzlänge in NC-Zeichen
μ_N	s	mittlere Zugriffszeit zum Nachladezylinder
μ_P	s	mittlere Programmdauer
μ_{PL}	-	mittlere Programmlänge in NC-Sätzen
μ_{PH}	-	mittlere Zahl der NC-Programme mit gleichem Hauptzeitanteil
μ_S	s	mittlere Zugriffszeit des peripheren Speichers
μ_{SO}	s	konstanter Wert von μ_S
μ_{Smax}	s	Maximalwert von μ_S
$\Delta\mu_S$	s	Zunahme der mittleren Zugriffszeit des peripheren Speichers durch die Positionierzeit zum Nachladezylinder
μ_T	s	mittlerer Anrufabstand, identisch mit mittlerer Satzdauer
$\Delta\mu_T$	s	Abweichung der Satzdauer vom Mittelwert
μ_{TO}	s	konstanter Wert für μ_T
ν	-	Zählvariable
ρ	-	mittlere Zugriffszeit des peripheren Speichers, bezogen auf die mittlere Satzdauer

ρ_o	-	Wert für ρ, bei dem Hauptspeicherwartezeiten an der NC auftreten
Σ	-	Summe
σ_T^2	s^2	Varianz des Anrufprozesses
Δx	-	Vertrauensintervall

1. Einleitung

Ein ständig steigender Bedarf an Industriegütern bei einer deutlich erkennbaren Verknappung und Verteuerung qualifizierter Arbeitskräfte erfordert eine konsequente Rationalisierung aller Unternehmensbereiche der Mittel- und Kleinserienfertigung [1]. Der Einsatz verbesserter Produktionsmethoden, die Verwendung neuer Werkstoffe sowie eine durchgreifende Automatisierung aller Bereiche stellen wesentliche Ansatzpunkte zur Lösung der anstehenden Probleme dar.
Wenn man dabei berücksichtigt, daß die Materialwirtschaft und die Fertigung in einem Unternehmen den weitaus größten Kostenanteil verursachen [2], wird die Forderung nach Automatisierung des Material- und Informationsflusses dieser Bereiche besonders einleuchtend.

Mit Einführung der numerischen Steuerung (NC) steht ein geeignetes Hilfsmittel zur Verfügung, das eine durchgreifende Automatisierung des Informationsflusses der Fertigung erlaubt. Aufbauend auf der mit ihr erreichbaren Automatisierung können, durch verstärkten Einsatz von Digitalrechnern, weitere Bereiche der Fertigung mit in einen automatisierten Informationsfluß einbezogen werden.

Einen wesentlichen Schritt in dieser Richtung stellt die Entwicklung von DNC-Systemen (Direct Numerical Control) dar, die mehrere numerische Steuerungen mit dem Digitalrechner koppeln. Auf dem peripheren Speicher des Rechners sind alle von den angeschlossenen Steuerungen im betrachteten Zeitraum benötigten NC-Programme abgelegt. Auf Anforderung der NC entnimmt der Rechner die NC-Daten dem peripheren Speicher und verteilt sie zeit- und formatrichtig an die Steuerungen.
Diese Systeme können erweitert werden zu integrierten Informationssystemen, die den Informationsfluß der Konstruktion und der Arbeitsvorbereitung mit der Fertigung koppeln.

Ziel der vorliegenden Arbeit ist es, ausgehend von einer Analyse und Systematik der Einsatzmöglichkeiten des Digitalrechners für die Steuerung mehrerer Arbeitsmaschinen und einer Darstellung der in einem Fertigungssystem auftretenden DNC-Steuerungsaufgaben, eine rechnerunterstützte Entwurfsmethode für die Auslegung der DNC-Systeme zu entwickeln und hieraus abgeleitete Dimensionierungshinweise darzustellen.

Insbesondere sind dabei die Möglichkeiten der Nachbildung der DNC-Systeme durch Rechnermodelle (Systemsimulation) zu untersuchen. Durch Vergleich der erreichbaren Lösungen mit Messungen an einem eingesetzten DNC-System soll die Aussagekraft der Entwurfsmethode abgeschätzt werden.

Am Beispiel von DNC-Systemen, die autark funktionstüchtige numerische Steuerungen mit dem Rechner koppeln, werden Dimensionierungshinweise für die Auslegung einzelner Systemkomponenten ausgearbeitet. Die gewonnenen Ergebnisse sollen Aussagen über die Einsatzgebiete der verschiedenen Ausführungsformen der DNC-Systeme erlauben.
Den Abschluß der Arbeit bildet die Darstellung der Einsatzmöglichkeiten der Simulationstechnik für die Auslegung neuer Steuerungssysteme, die Aufgaben des Informationsflusses auf mehrere, optimal an die Steuerungsaufgabe angepaßte Digitalrechner verlagern und so hierarchische Strukturen aufbauen.

Diese Arbeit veröffentlicht teilweise Ergebnisse aus einem Forschungsvorhaben im Projekt "Prozeßlenkung mit DV-Anlagen" des 2. DV-Programms der Bundesregierung.

2. Rechnergeführte Steuerungssysteme

2.1 Ordnungsprinzip

Die über vierzig in der industriellen Praxis eingesetzten DNC-Systeme [3] besitzen eine Vielzahl von Ausführungsformen. Sie unterscheiden sich sowohl hinsichtlich der Eigenschaften des Rechnersystems (verwendeter Prozeßrechner, Externspeicher, Rechnerorganisation) als auch durch Art und Umfang der vom Rechner übernommenen Steuerungsfunktionen.
Der folgende Abschnitt versucht die Einsatzmöglichkeiten des Prozeßrechners für die Steuerung mehrerer unabhängiger, numerisch gesteuerter Arbeitsmaschinen darzustellen und den Stand der Technik anhand von ausgeführten Beispielen zu erläutern. Die Beschreibung orientiert sich dabei nicht an den jeweiligen gerätetechnischen Ausführungen, sie greift vielmehr einen Vorschlag [4] auf, der die Systeme durch die im Prozeßrechner realisierten Funktionen kennzeichnet. Dieses Ordnungsschema erlaubt eine eindeutige Klassifizierung der verschiedenen DNC-Konzepte, gleichzeitig ist die Einordnung weiterer rechnergeführter Steuerungssysteme möglich.

2.2 Funktionale Gliederung der Steuerungssysteme

Die VDI-Richtlinie 3424 [5] definiert den Begriff "DNC-System": "Direct Numerical Control (DNC) ist ein System zur Rechnerdirektführung von mehreren numerisch gesteuerten Arbeitsmaschinen durch Digitalrechner.

Bemerkung:
Das wesentliche Merkmal ist die zeitgerechte Verteilung von Steuerinformationen an mehrere numerisch gesteuerte Arbeitsmaschinen, wobei Funktionen der numerischen Steuerung vom Rechner wahrgenommen werden können. Zusätzliche Merkmale können sein z. B. das Erfassen und Ändern von Betriebs- und Meßdaten, sowie das Ändern von Steuerdaten".

In den letzten Jahren wurden mehrere Steuerungssysteme entwickelt, die einen Großteil der Steuerungsfunktionen der konventionellen NC dem Prozeßrechner übertragen. Sie unter-

scheiden sich in Aufbau und Einsatzgebiet deutlich von DNC-Systemen, die nur die Funktion "Datenverteilung" übernehmen. Diese Tatsache legt eine Erweiterung der in der VDI-Richtlinie getroffenen Vereinbarungen nahe.
Hierfür sind in einem ersten Schritt die zur Kennzeichnung der Systeme verwendeten Rechnerfunktionen zu erläutern.

- Zur Funktion "Datenverteilung" gehört das Einlesen, Speichern bzw. zeit- und formatrichtige Ausgeben von Steuerdaten in wahlfreier Reihenfolge an mehrere unabhängige Arbeitsmaschinen.
- "NC-Steuerungsaufgaben" hingegen sind alle Funktionen, die nach dem Einlesen der Steuerdaten von einer numerischen Einzelsteuerung durchgeführt werden, um aus den Daten des Steuerprogramms die Stellsignale für die Arbeitsmaschine zu generieren.

Werden also NC-Steuerungsaufgaben dem Rechner übertragen, ist der an der Arbeitsmaschine verbleibende Hardwarerest nicht mehr autark funktionstüchtig. Diese Definition entspricht der in VDI 3424 getroffenen Vereinbarung:
"Die Rumpf- oder Reststeuerung ist der maschinennahe Teil eines DNC-Systems, der nicht autark funktionsfähig ist." Mit diesen Begriffsbestimmungen lassen sich die verschiedenen Steuerungssysteme nach Bild 2.1 ordnen.
Aufgetragen ist über den im Rechner realisierten Funktionen "Datenverteilung" und "NC-Steuerungsaufgaben" die Anzahl der Arbeitsmaschinen, die der Rechner ansteuert.
Sieht man von dem Sonderfall ab, daß konventionelle numerische Steuerungen ohne automatisiertes Datenverteilsystem zum Einsatz kommen, dann ergeben sich insgesamt fünf Einsatzmöglichkeiten für den Prozeßrechner.
Während die bekannten CNC-Konzepte (CNC, M-CNC) - siehe Abschnitt 2.2.1 und 2.2.2 - nur NC-Steuerungsaufgaben dem Rechner übertragen, übernimmt er bei den übrigen Lösungen (DNC-BTR, -CNC, -RST) zusätzlich die Aufgabe der Datenverteilung.

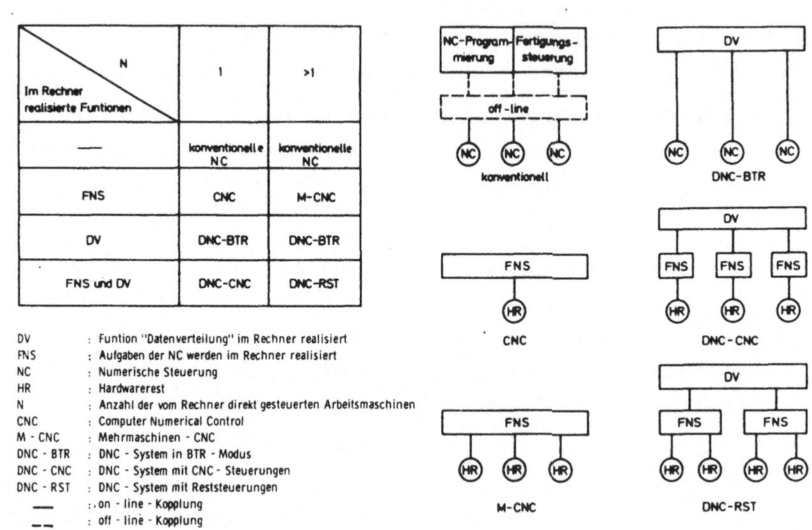

N / Im Rechner realisierte Funtionen	1	>1
—	konventionelle NC	konventionelle NC
FNS	CNC	M-CNC
DV	DNC-BTR	DNC-BTR
FNS und DV	DNC-CNC	DNC-RST

Bild 2.1:
Funktionale Gliederung

Bild 2.2:
Strukturen rechnergeführter Systeme

Bild 2.2 zeigt die sich aus der funktionalen Gliederung ergebenden Systemstrukturen. Diese Aufteilung unterstellt noch keine gerätetechnische Zuordnung der Digitalrechner zu den verschiedenen Funktionsblöcken. Anhand von ausgeführten Beispielen werden die Eigenschaften und Einsatzmöglichkeiten der verschiedenen Lösungen im folgenden diskutiert.

2.2.1 Computer Numerical Control (CNC)

An die Stelle der festverdrahteten Hardwarelogik einer NC tritt ein programmierbarer Kleinrechner, der für eine Arbeitsmaschine - oder nach VDI 3424 eine Gruppe simultan arbeitender Arbeitsmaschinen - die Funktionen Eingabe, Verwaltung, Aufbereitung und Verarbeitung der numerischen Daten übernimmt (Bild 2.3).

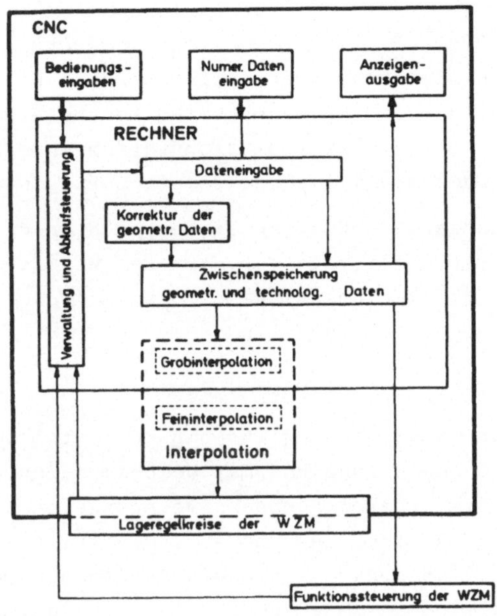

Bild 2.3: Blockschaltbild einer CNC [7]

Die Eingabe der NC-Programme erfolgt vielfach über Lochstreifenleser, die Aufbereitung, Decodierung und Abspeicherung der Eingabedaten ist dem Rechner übertragen.
Bezüglich der Verarbeitung der geometrischen Information sind verschiedene Möglichkeiten verwirklicht. Neben der Wegrasterinterpolation mit DDA (Digital Differential Analyser) [6] findet auch die Zeitrasterinterpolation Anwendung [7]. Hierbei werden synchron in einem festen Interpolationstakt vorinterpolierte Lagesollwerte an lineare Hardware-Feininterpolatoren ausgegeben. Zusätzlich verwaltet und verarbeitet die CNC technologische Daten.

Die Vorteile des Konzepts ergeben sich aus Eigenschaften des programmierbaren Rechners. Bei weitgehend unveränderter Hardware läßt sich die CNC durch Programmierung an die verschiedenen Anwendungsfälle anpassen.
Der hierdurch erreichbare größere Marktanteil für den gleichen Steuerungstyp und die verkürzte Entwicklungszeit erlaubt

die wirtschaftliche Fertigung von Sondersteuerungen mit kleinen Stückzahlen. CNC-Steuerungen sind darüber hinaus dort mit Vorteil einzusetzen, wo entweder umfangreiche Bedienungsfunktionen oder aufwendige Interpolationsverfahren eine wirtschaftliche Hardwarerealisierung der Steuerung nicht zulassen.

Weitere Anwendungsmöglichkeiten finden sich in der Luftfahrtindustrie. Hier rechtfertigt der Wert der Werkstücke aufwendige Test- und Überwachungssysteme, die wirtschaftlich nur mit CNC-Steuerungen zu lösen sind.

2.2.2 Mehrmaschinen-CNC (M-CNC)

Der Einsatz der CNC-Steuerung für eine Arbeitsmaschine hat gezeigt, in welchem Umfang und mit welchem technischen Aufwand ein programmierbarer Rechner Steuerungsfunktionen übernehmen kann. Die hierbei gewonnenen Erkenntnisse ermöglichen den Aufbau von Systemen, die Steuerungsaufgaben mehrerer Arbeitsmaschinen einem Rechner übertragen; im weiteren werden diese Systeme als "Mehrmaschinen-CNC (M-CNC)" bezeichnet.

Zentraler Kern des Steuerungskonzepts ist ein programmierbarer Rechner, der simultan mehrere Arbeitsmaschinen bedient. Bild 2.4 zeigt ein ausgeführtes System. Über den Lochstreifenleser werden NC-Programme - oder Programmsegmente - in den Zentralspeicher des Rechners eingelesen und durch Anweisung einer Arbeitsmaschine fest zugeordnet. Für die Aufbereitung und Verarbeitung der geometrischen Daten kommen dabei die in Abschnitt 2.2.1 beschriebenen Verfahren zur Anwendung. Die Interpolationsprogramme sind in der Lage, simultan bis zu 18 Achsen [8], verteilt auf verschiedene Arbeitsmaschinen, anzusteuern. Der hierfür erforderliche Organisationsaufwand verhindert die Realisierung von umfangreichen Interpolationsrechnungen in der Software. Für die besonders zeitaufwendigen Multiplikationen und Divisionen kommen deshalb Hardwarebausteine zum Einsatz, die auch bei komplizierten Interpolationsverfahren hohe Vorschubgeschwindigkeiten der Maschinenachsen ermöglichen.

Daneben werden Teile der Funktionssteuerung in Rechnerprogrammen verwirklicht. Die für die Ansteuerung der Arbeits-

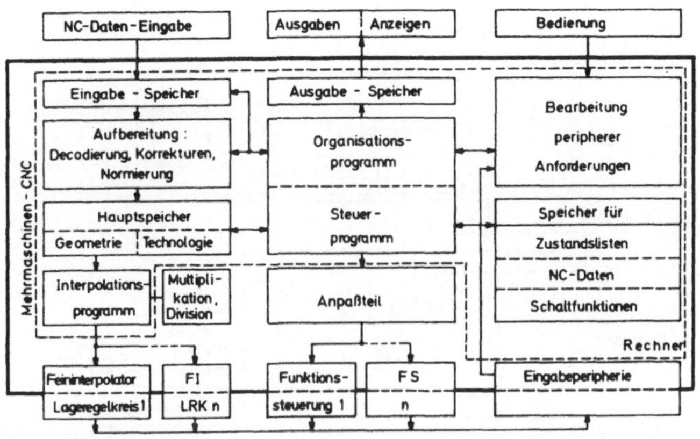

Bild 2.4: Aufbau einer Mehrmaschinen-CNC

maschinen notwendige Ein-/Ausgabeperipherie (ein Bearbeitungszentrum besitzt bis zu 100 Ein-/Ausgabefunktionen für bestimmte Maschinenachsen) und der für die Steuerlogik erforderliche Zentralspeicheraufwand setzt dieser Entwicklung enge Grenzen. Die Zusammenarbeit des Steuerrechners mit maschinennahen, rechnergekoppelten PC's (PC - Programmable Controller) erlaubt hier in Zukunft günstigere Systemlösungen [4].
Bei M-CNC-Einsatz ergibt sich damit die in Bild 2.5 dargestellte Steuerungsstruktur.
Die Vorteile des CNC-Konzepts - komfortable Bedienung, programmtechnischer Funktionstest und Softwarerealisierung aufwendiger Interpolationsverfahren - stehen bei dem M-CNC-Entwurf nicht mehr im Vordergrund des Interesses. Das Konzept bietet vielmehr für viele Anwendungen eine wirtschaftliche Alternative zur konventionellen NC. Insbesondere bei Maschinengruppen mit sich ersetzenden Arbeitsmaschinen erlaubt die Mehrfachnutzung gleicher Programmteile die Realisierung kostengünstiger Steuerungen, da der Speicherbedarf je Arbeitsmaschine besonders gering wird.
Einschränkungen für die Einsatzmöglichkeiten ergeben sich aus

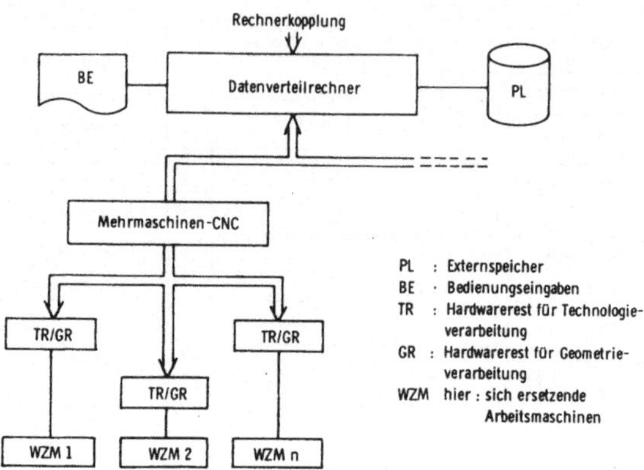

Bild 2.5: Steuerungssystem mit Mehrmaschinen-CNC

der Tatsache, daß die M-CNC bei Ansteuerung unabhängiger Arbeitsmaschinen gleichzeitig auf verschiedene NC-Programme zugreifen muß. Hierfür ist ein entsprechender Programmspeicher zur Verfügung zu stellen.
Im einfachsten Fall nimmt der Zentralspeicher der M-CNC das gesamte NC-Programm auf. Es sind aber auch externe Plattenspeicher einsetzbar, die der Prozeßrechner verwaltet [9].

Jede der beschriebenen Lösungen setzt voraus, daß ein Bediener an der Arbeitsmaschine zur Verfügung steht, der den Programmwechsel durchführt bzw. der die notwendigen Programmkorrekturen eingibt. Fertigungssysteme, die in wahlfreier Reihenfolge unterschiedliche Werkstücke automatisch bearbeiten, erfüllen diese Forderung nicht. Hier muß zusätzlich die Funktion "Datenverteilung" durch Rechnereinsatz automatisiert werden. Die folgenden Abschnitte beschreiben einige der eingesetzten Systeme.

2.2.3 Datenverteilsysteme mit konventionellen numerischen Steuerungen (DNC-BTR)

Das häufig eingesetzte DNC-BTR-Konzept übernimmt die Funktion "Datenverteilung" für konventionelle numerische Steuerungen. Die NC enthält einen zum Lochstreifenleser parallelen Dateneingang (BTR - Behind Tape Reader) und die für die Ansteuerung der Umschaltlogik notwendigen Verriegelungen [21]. Die Struktur des DNC-BTR-Konzepts zeigt Bild 2.6.

Die Eigenschaften und Einsatzmöglichkeiten des Systems wurden in mehreren Arbeiten [3, 10, 11, 12] beschrieben, so daß sie hier als bekannt vorausgesetzt werden.

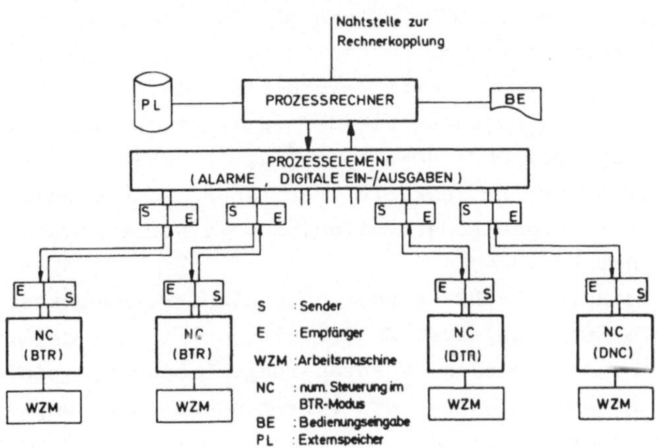

Bild 2.6: Aufbau eines DNC-BTR-Systems

2.2.4 Datenverteilsysteme mit CNC-Steuerungen (DNC-CNC)

Es erscheint zweckmäßig, das DNC-BTR-Konzept gegenüber DNC-Systemen mit CNC-Steuerungen (DNC-CNC) abzugrenzen. Obwohl beide Systeme denselben Aufbau besitzen - an die Stelle der NC tritt in Bild 2.6 die CNC -, so unterscheiden sie sich doch deutlich in Ausführung und Einsatzgebiet.
Einige wesentliche Unterscheidungsmerkmale lassen sich aus dem Aufbau der Übertragungsstrecke Rechner - Steuerung ableiten.

Im BTR-System ist der Rechner direkt mit der modifizierten NC gekoppelt, wobei er ihr das Eingabeformat des Lochstreifens nachbildet. Bezüglich der Synchronisierung des Datenverteilrechners mit der NC bestehen keine besonderen Anforderungen. Die NC übernimmt die 8-Bit-Information mit dem Synchronisiertakt des Datenverteilrechners. Die Synchronisierfrequenz kann bei den meisten numerischen Steuerungen bis auf 5 kHz gesteigert werden. Eine satzweise Eingabe der NC-Information ist möglich.

Das CNC-Konzept koppelt zwei Rechner. Es ist deshalb häufig nicht möglich, dem Datenverteilrechner die Synchronisierung allein zu überlassen. Die Datenübertragung erfolgt meist zeichenweise mit wechselseitiger Quittierung.

Die Einsatzgebiete der DNC-Systeme mit CNC-Steuerungen liegen bei Fertigungsprozessen mit hohen Anforderungen bezüglich Datenmenge, -aufbereitung sowie geforderter Datenrate, wie dies z. B. bei der Flugzeugindustrie der Fall ist. Dieser Anwenderkreis bevorzugt die DNC-CNC-Lösung [13, 14, 15]. Sie wird hier als Glied der "Prozeßkette" verstanden, die eine direkte Kopplung der Bereiche Konstruktion, Arbeitsvorbereitung und Fertigung anstrebt.

Daneben wird das DNC-CNC-Konzept auch als Steuerungssystem für flexible Fertigungssysteme [1] eingesetzt. Hierbei ist ausschlaggebend, daß sich CNC-Steuerungen besonders einfach an in Art und Umfang wechselnde Fertigungsaufgaben anpassen lassen. Da jeder Arbeitsmaschine eine autarke CNC-Steuerung zugeordnet ist, erfordert eine Auflösung des Maschinenverbunds, wie er bei Wechsel der Fertigungsaufgaben auftreten kann, keine Änderung der Steuerungshardware.

Zusätzlich bietet die Struktur alle Vorteile des DNC-BTR-Konzepts. Sie erlaubt, bei Ausfall des zentralen Datenverteilrechners, das Einlesen von NC-Daten über Lochstreifenleser an der CNC. Das überlagerte DNC-System kann zudem schrittweise aufgebaut werden, eine Systemeigenschaft, die DNC-RST-Systeme beispielsweise nicht besitzen. Hinzu kommt, daß im allgemeinen die CNC Forderungen nach höherer Verfügbarkeit des Steuerungssystems besser erfüllt als die konventionelle NC [15].

2.2.5 Datenverteilsysteme mit Rest- oder Rumpfsteuerungen (DNC-RST)

Die Auslegung der bisher beschriebenen Systeme wurde bestimmt durch Eigenschaften der unverketteten Arbeitsmaschine. Auf sie war Struktur und Automatisierungsgrad der Steuerung abgestimmt. Die Einführung der flexiblen Fertigungssysteme legt den Gedanken nahe, anstelle der Einzelsteuerung das gerätetechnisch weniger aufwendige Datenverteilsystem mit Reststeuerungen (DNC-RST) einzusetzen [10, 16]. Bild 2.7 zeigt ein aufgebautes DNC-RST-System. Es enthält einen Prozeßrechner, der achsspezifische Hardwarereste an der Fertigungseinrichtung steuert. Aufgrund der Flexibilität und der hohen Rechengeschwindigkeit kann der Rechner alle anfallenden Arbeiten übernehmen und sie simultan für mehrere Maschinen ausführen. An der Arbeitsmaschine verbleibt der für die Ansteuerung der Schrittmotoren notwendige Leistungsteil, den der zentrale Grobinterpolator mit Daten versorgt.

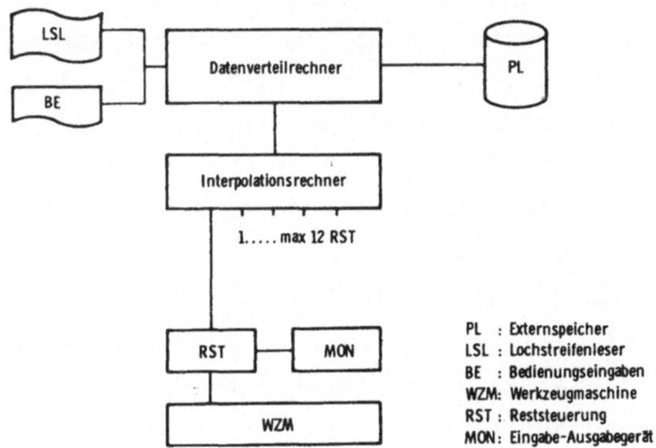

Bild 2.7: Struktur eines DNC-Systems mit Reststeuerungen [16]

Die Grobinterpolation löst ein Kleinrechner oder eine speziell entwickelte Hardwareschaltung [16]. Das System übernimmt zusätzlich gewisse Aufgaben der NC-Programmierung und der aktuellen Fertigungssteuerung.
Der Konzeption liegt der Gedanke zugrunde, möglichst viele Hardwareteile durch Rechnerprogramme zu ersetzen. Bei Mehrfachausnutzung der Programmteile lassen sich die Kosten des Rechnersystems anteilig auf alle gesteuerten Maschinen umlegen. Insbesondere dann, wenn viele gleichartige Arbeitsmaschinen gesteuert werden (Bohrmaschinenreihen) oder wenn verkettete Werkzeugmaschinen zum Einsatz kommen, erscheint ihr Einsatz vorteilhaft.

Untersuchungen haben ergeben [17], daß diese Konfiguration kostengünstiger ist als die einer vergleichbaren DNC-BTR- oder DNC-CNC-Lösung. Diese Vorteilsgrenze wird aber in Zukunft stark von der Entwicklung der "low-cost"-Steuerung [1] beeinflußt.
Hinsichtlich der Einsatzmöglichkeiten der Systeme sind noch einige einschränkende Bemerkungen zu machen.
Maschinen, die mit derartigen Steuerungssystemen ausgerüstet sind, lassen sich nicht ohne umfangreiche Hardwareänderungen aus dem Fertigungssystem herausnehmen und auf konventionelle Steuerungen umrüsten [18]. Es ist zudem vorteilhaft, wenn ein Hersteller das Maschinen- und Steuerungssystem liefert, da sowohl Hard- als auch Software schon während der Entwicklungsphase eng auf die Arbeitsmaschine abgestimmt werden müssen.

2.3 Hierarchische Steuerungssysteme

Grundlage der bisherigen Ausführungen war die Annahme, daß ein zentraler Rechnerkern die Funktionen "Datenverteilung" und "NC-Steuerungsaufgaben" übernimmt. Es wurden noch keine Aussagen darüber gemacht, wieviele Rechner diese Aufgabe benötigt. In dem in Abschnitt 2.2.5 dargestellten System übernehmen z. B. zwei Rechner alle anfallenden Aufgaben, wobei für die Interpolation ein Kleinrechner ohne aufwendige Bedienungsperipherie zum Einsatz kommt, während die für die Funktion "Datenverteilung" notwendige E/A-Peripherie ein Datenverteilrechner verwaltet, der über das hierfür notwendige Betriebssystem verfügt. Die Literatur bezeichnet diese Systeme, die mit gekoppelten, funktionsspezifischen Rechnern arbeiten, als "Hierarchische Steuerungssysteme". Bild 2.8 zeigt ein Konzept, das die angesprochenen Gedanken konsequent verwirklicht.

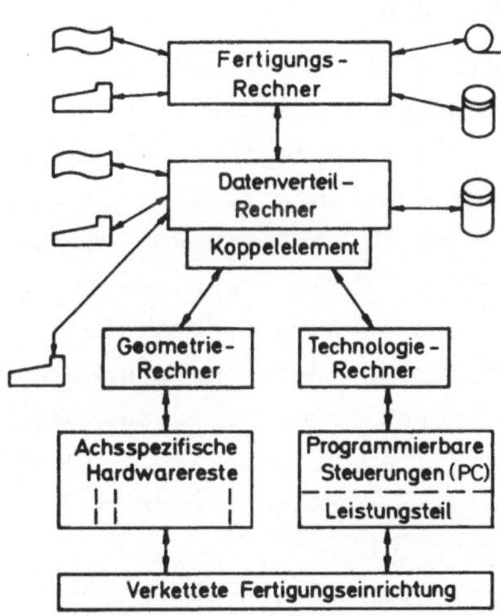

Bild 2.8: Hierarchisches Steuerungssystem [50, 40]

Das System übernimmt in der Funktionsgruppe "Datenverteilung" die Verwaltung und Bereitstellung der NC-Programme. Überlagerte Aufgaben der NC-Programmierung und der Fertigungssteuerung können dem Fertigungsrechner übertragen werden. Im Bereich der geometrischen und der technologischen Informationsverarbeitung kommen gleichfalls getrennte Geräte zum Einsatz. Auf diese Weise lassen sich die umfangreichen Listenverarbeitungen des Technologierechners trennen von der zeitkritischen Interpolation. Die an der Arbeitsmaschine verbleibende achsspezifische Hardware enthält nur noch den Lageregelkreis, einen

linearen Feininterpolator, ein Ablaufsteuerwerk und die Rechnerkopplung. Für diesen Hardwarerest hat sich der Begriff "Reststeuerung" eingeführt [7].
Interessant ist die Feststellung, daß auch DNC-BTR-Konzepte vereinzelt für die Aufgabe der Datenverteilung hierarchische Rechnersysteme einsetzen. Die Anwendung dieses Prinzips beschränkt sich nicht auf den DNC-RST-Bereich [19].

2.4 Mögliche Erweiterungen

Die vorgeschlagene Klassifizierung ordnet die Mehrzahl der bekannten rechnergeführten Steuerungssysteme. Bei der Darstellung der verschiedenen Konzepte wurde versucht, neben dem Systemaufbau auch mögliche Einsatzgebiete aufzuzeigen. Für die Kennzeichnung der einzelnen Lösungen reichen die Funktionen "Datenverteilung" und "NC-Steuerungsaufgaben" aus.
Es ist aber denkbar, daß in Zukunft Systeme zum Einsatz kommen, die z. B. der Funktion "Betriebsdatenerfassung" größere Bedeutung beimessen. Durch Erweiterung des dargestellten Schemas um neue, das System beschreibende Funktionen ist es leicht möglich, auch diese Entwicklungen in die Ordnung mit einzubeziehen.
Neben den beschriebenen Funktionen übernehmen die in der Praxis eingesetzten DNC-Systeme eine Vielzahl weiterer Aufgaben, die in Art und Umfang jedoch abhängig sind von dem jeweiligen Anwendungsfall.
Die folgenden Abschnitte stellen am Beispiel eines DNC-Systems, das ein flexibles Fertigungssystem steuert und verwaltet, einige der hier zusätzlich benötigten DNC-Funktionen dar.

3. Die Aufgabenbereiche eines DNC-Systems für ein flexibles Fertigungssystem

3.1 Einflußgrößen auf den Steuerungsentwurf

Die Vielzahl der betriebsspezifischen Einflußgrößen macht deutlich, daß ein einziges DNC-Konzept nicht alle Anwendungsbereiche überdecken kann. Wirtschaftlich und technisch optimale Lösungen lassen sich vielmehr nur dann finden, wenn der

Systementwurf die Besonderheiten der zu automatisierenden Fertigung berücksichtigt.
Eine umfassende Zusammenstellung der DNC-Funktionen aller Anwendungsbereiche würde den Rahmen dieser Arbeit sprengen. Die folgenden Ausführungen müssen sich daher auf die Darstellung der Funktionen eines in der Praxis für ein flexibles Fertigungssystem eingesetzten DNC-Systems beschränken. Sie bauen auf einem Konzept auf, das in der ersten Ausbaustufe die NC-Steuerdatenverwaltung dem Rechner übertrug [10].

Die Einführung des DNC-Systems ist hier Voraussetzung für die Funktionstüchtigkeit des Fertigungssystems.

Der DNC-Einsatz ermöglicht die Automatisierung zusätzlicher Bereiche des technischen Informationsflusses, die sich mit den bisher zur Verfügung stehenden Hilfsmitteln nicht erfassen ließen. Unter diesem Gesichtspunkt werden einige Erweiterungen des ursprünglichen Konzepts und die sich daraus ergebenden Möglichkeiten dargestellt.

3.2 Aufbau und Eigenschaften eines flexiblen Fertigungssystems

Die Eigenschaften der zu automatisierenden Fertigungseinrichtung bestimmen Art und Umfang der Steuerungsfunktionen, die der Rechner zu übernehmen hat. Um diese betrieblichen Einflußgrößen zu erkennen, wird im folgenden kurz der Aufbau eines Fertigungssystems skizziert, das ein DNC-Rechner verwaltet.

3.2.1 Das Fertigungssystem

Die rechnergesteuerten Arbeitsmaschinen (Bearbeitungszentren mit Paletten und konventionellen numerischen Steuerungen) sind Teil eines Fertigungssystems, das ungefähr 250 Teile einer Arbeitsgangfamilie [1, 2] in kleinen Losen bearbeitet. In der momentanen Ausbaustufe umfaßt die Verkettung zehn sich teilweise ersetzende Bearbeitungszentren mit Bohrkopfwechsel bzw. Doppelspindel (Bild 3.1), die überwiegend für Punkt- bzw. Streckenoperationen eingesetzt werden.

Bild 3.1: Beispiel eines flexiblen Fertigungssystems [1]

Die umfangreichen Funktionssteuerungen der Arbeitsmaschinen und des Palettentransports sind in Kanzeln über den Arbeitsmaschinen untergebracht. Codierungen an der Palette steuern das zentrale Transportsystem zwischen Spannplatz und Bearbeitungseinheiten. Sie weisen das Werkstück einer vorbestimmten Arbeitsmaschine zu.
Vor der Arbeitsmaschine ordnet sich die Palette in den Werkstückspeicher ein, der über Warteplätze verfügt. Dabei dient, abweichend von vielen Systemlösungen, das Transportsystem selbst als Zwischenspeicher.
Eine Lesestation vor der Arbeitsmaschine liest die Kennzeichnung der Palette und übergibt sie dem DNC-Rechner. Aufgrund dieser Palettennummer ordnet der Rechner ein auf dem Externspeicher abgelegtes NC-Programm der Arbeitsmaschine zu.

Sind auf der Palette gleichzeitig mehrere Teile gespannt, so umfaßt das mit der Kennzeichnung abgerufene NC-Programm alle für die Bearbeitung erforderlichen Programmsegmente.
Die vom Rechner satzweise an die NC ausgegebenen Steuerdaten enthalten sämtliche Anweisungen, die der automatische Bearbeitungsablauf erfordert, einschließlich der Steuersätze, welche die Übergabe des Werkstücks an das Werkstücktransportsystem aufrufen. Damit kann die beschriebene Fertigung weitgehend unabhängig von menschlichen Eingriffen Werkstücke einer Arbeitsgangfamilie vollständig bearbeiten. Nur das Auf- und Abspannen der Roh- bzw. Fertigteile und das Einsetzen der Werkzeugsätze in maschinennahe Werkzeugspeicher ist nicht automatisiert.
Das vereinfachte Funktionsdiagramm eines flexiblen Fertigungssystems zeigt Bild 3.2.

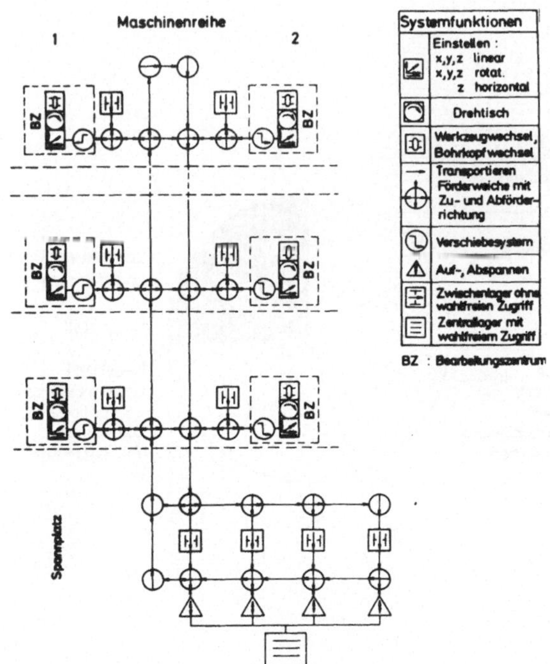

Bild 3.2: Funktionsdiagramm eines flexiblen Fertigungssystems (Darstellung in Anlehnung an [49])

3.2.2 Die fertigungsspezifischen Anforderungen an den DNC-Entwurf

Der Einsatz dieser kapitalintensiven Fertigungseinrichtung mit einem vergleichsweise geringen Anteil an werkstückgebundener Ausstattung ist nur dann gerechtfertigt, wenn er die bauart- und einsatzbedingten Nutzungsreserven, die organisatorischen Belegungsreserven und die technologischen Reserven der Maschinenausstattung voll erschließt [2]. Auf dieses Ziel muß sowohl die Maschinenkonzeption als auch der Aufbau des zugehörigen Steuerungssystems und die betriebliche Organisation ausgerichtet sein. Die Forderung, daß Investitionen möglichst wenig in bestehende Organisationsformen eingreifen, läßt sich z. B. mit den hier angestrebten Lösungen nicht in Einklang bringen.

Über die Größe einzelner Zeitanteile gibt Bild 3.3 Aufschluß.

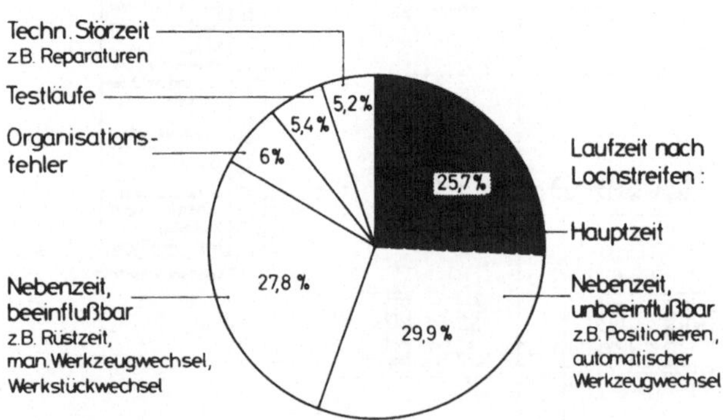

Bild 3.3: Zeitliche Auslastung von NC-Maschinen (Darstellung nach [51])

Es zeigt die Auslastung einer konventionellen NC-Fertigung mit 2-schichtigem Betrieb [51]. Die Zusammenstellung macht deutlich, daß die Belegungsreserven bzw. einsatz- und bauartbedingten Nutzungsreserven für eine weitere Steigerung des Nutzungsgrades in Betracht zu ziehen sind [2].
Eine weitgehende Freisetzung der vorhandenen Zeitreserven setzt ein Steuerungssystem voraus, das die benötigten organisatorischen und technischen Daten schritthaltend mit dem Prozeß verarbeitet. Diese Forderungen erfüllt nur ein mit der Fertigung direkt gekoppelter Digitalrechner [10].
Viele Vorteile des Fertigungssystems sind zudem erst dann verfügbar, wenn das DNC-System neben der Datenverteilung weitere Aufgaben aus den in Bild 3.4 zusammengestellten Bereichen übernimmt. Diese Gliederung leitet sich aus einer Unterteilung der bei dem Fertigungsprozeß anfallenden Steuerungsaufgaben ab [11].

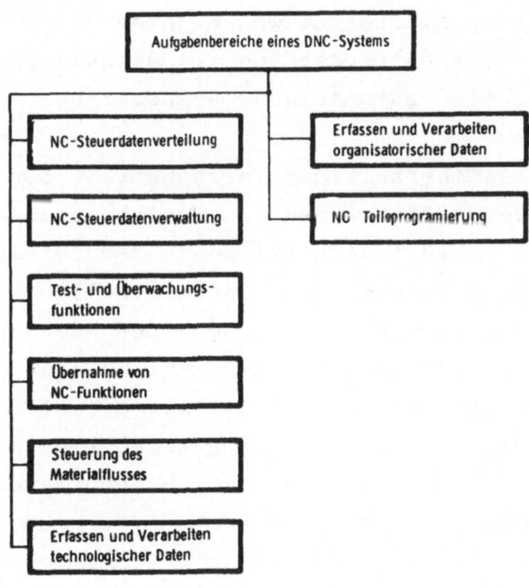

Bild 3.4: Aufgabenbereiche eines DNC-Systems für ein flexibles Fertigungssystem

Die meisten der in diesem Zusammenhang angesprochenen Rechnerfunktionen finden ihre Begründung in den charakteristischen Eigenschaften und Anforderungen einer Fertigung. Ihre kennzeichnenden Merkmale sind:

1. An der Arbeitsmaschine steht kein qualifiziertes Personal mehr zur Verfügung, das die für den automatischen Fertigungsablauf notwendigen Programmanforderungen, -verwaltungen bzw. die Handeingabe von Korrekturwerten ausführt.
2. Der angestrebte hohe Automatisierungsgrad erfordert umfangreiche Meß- und Überwachungssysteme an der Arbeitsmaschine. Besondere Beachtung muß dabei die Selbstkorrektur der Einstellwerte des NC-Programms finden [2]. Aufgrund thermischer Verlagerungen, falscher Aufspannungen und der Änderungen der Werkzeugabmessungen treten Fehler am Werkstück auf, die sich in Fertigungssystemen erst nach der vollständigen Bearbeitung bei der Endkontrolle zeigen. Die teilweise Integration des Meßvorgangs auf die Arbeitsmaschine ist deshalb ebenso anzustreben wie eine automatische Standzeitüberwachung der Werkzeuge.
3. Die Betriebssicherheit und Verfügbarkeit der Anlage erhöht sich wesentlich, wenn man Fehlbedienungen ausschließt. Dies läßt sich teilweise dadurch erreichen, daß die Bedieneingaben der konventionellen NC im DNC-Betrieb unwirksam gemacht werden. Der Rechnereingang der NC enthält hierfür neben den Dateneingängen eine umfangreiche Verriegelungslogik [21]. Nur die NC-Funktion "Halt am Satzende" und die Eingabe "Zyklus Start" ist im DNC-Bereich wirksam. Zusätzlich benötigte Eingaben bzw. Korrekturen müssen die Rechnerprogramme zentral ausführen.
4. Die für die Überwachung der technischen und organisatorischen Abläufe notwendigen Betriebsdaten lassen sich mit der gewünschten Aktualität und Sicherheit nur über Sensoren gewinnen. Aufwendige Dialogsysteme zwischen Bediener und Rechner treten in den Hintergrund zugunsten

von automatisierten, rechnergekoppelten Datenerfassungssystemen.

Jede der genannten Eigenschaften des flexiblen Fertigungssystems macht die Einführung eines DNC-Systems notwendig. Berücksichtigt jedoch der DNC-Entwurf die verschiedenen Anforderungen, dann erschließen sich dem Anwender eine Vielzahl zusätzlicher Möglichkeiten. Als Beispiele sind die Funktionen "Programmodifikation" und "Überwachung" ebenso zu nennen (vgl. Abschnitt 3.4) wie eine aktuelle Betriebsdatenerfassung. Sie haben hier Priorität gegenüber der Dialogfähigkeit Bediener - Rechner, der bei DNC-Systemen für konventionelle Fertigungen eine größere Bedeutung zukommt [22].

3.3 Die werkstückspezifischen Einflüsse auf den DNC-Entwurf

Die Auslegung des Steuerungssystems muß neben den fertigungsspezifischen [10] auch eine Reihe werkstückspezifischer Eigenschaften berücksichtigen, die den Einfluß des Teilespektrums beschreiben. Der Begriff "werkstückspezifische Eigenschaften" umfaßt dabei folgende Kenngrößen:

1. die Verteilung der Satz- und Programmdauer,
2. die Verteilung der Satz- und Programmlängen und schließlich
3. die aktuelle Bearbeitungspriorität.

Die Kenntnis dieser Daten ist Voraussetzung für die Anwendbarkeit der in Kapitel 5 beschriebenen Simulationstechnik. Für die verschiedenen Einflußgrößen, die den Aufbau des DNC-Konzepts entscheidend bestimmen, werden daher die Methoden der Datengewinnung und einige Ergebnisse aufbereitet.

3.3.1 Die Verteilung der Satzdauer (Anrufprozeß)

Die Verteilung der Satzdauer p(T) (Dichtefunktion) gibt an, mit welcher relativen Häufigkeit eine Satzdauer T innerhalb eines NC-Programms auftritt. Die Satzdauer T ist die Zeit, die zwischen zwei Datenanforderungen im ungestörten NC-Betrieb vergeht. In diesem Fall ist die NC-Satzdauer identisch mit dem Anrufabstand. Ihr Mittelwert legt die DNC-Organisation fest.

Die gesuchten Verteilungen lassen sich aus zwei Quellen gewinnen. Zum einen sind sie den Rechnerausdrucken zu entnehmen, die bei der Generierung der NC-Programme anfallen. Für jeden NC-Satz können sie die nach Haupt- und Nebenzeiten aufgeschlüsselten Satzzeiten enthalten. Um das langwierige Auswerten der Programmausdrucke von Hand zu vermeiden, wurde ein entsprechendes Statistikprogramm in verschiedene Postprocessoren [33] eingebaut, das die Daten von über 200 NC-Programmen in der gewünschten Form ausgab [23 , 24].
Im vorliegenden Fall ist es aber auch möglich, den Anrufprozeß direkt an der Fertigungseinrichtung zu messen. Der Vergleich der beiden Ergebnisse ermöglicht die Beurteilung der Güte der vom Postprocessor vorgegebenen und der tatsächlich an der Arbeitsmaschine auftretenden Satzzeiten.
Den Meßaufbau und die zugehörigen Rechnerprogramme zeigt Bild 3.5. Die NC arbeitet über den Lochstreifenleser. Das Lesersignal der NC, das den neuen Einlesevorgang startet, wird gleichzeitig dem DNC-Rechner angeboten. Dieses Signal stößt ein Rechnerprogramm (Alarmauflösung) an, das die noch nicht

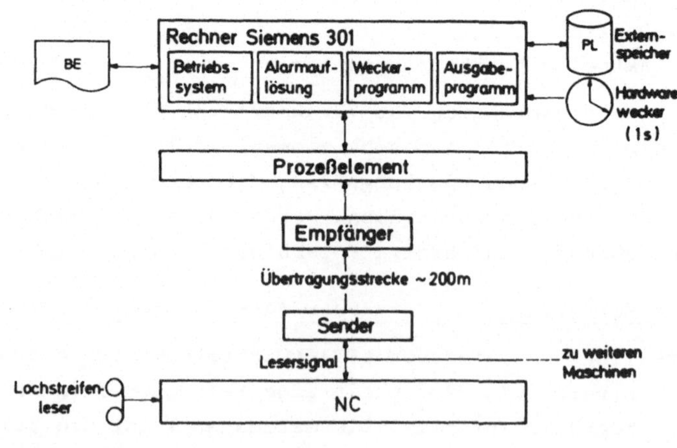

Bild 3.5: Meßaufbau für den Anrufprozeß

ausgewerteten Anrufe in einer Hilfszelle aufsummiert. Ein Auswerteprogramm (Weckerprogramm) höherer Priorität prüft im Rhythmus der Weckerimpulse (1 Sekunde) diese Hilfszelle. Treffen keine Lesersignale ein, speichert es die Zahl der Weckeraufrufe und erhöht bei Eintreffen eines Signals die Summe der Rufe, die einen dem anforderungsfreien Intervall entsprechenden Anrufabstand besitzen. Gleichzeitig löscht es die Merkzellen und beginnt den neuen Zählvorgang.
Ein drittes Programm druckt auf Anforderung die Verteilung der Anrufabstände aus. Das gesamte Programmpaket belegt 1500 Zentralspeicherworte; es ist im vorliegenden Fall parallel zum DNC-Betrieb nicht ablauffähig.
Die Frequenz des Hardwareweckers bestimmt den kleinsten auflösbaren Anrufabstand des Meßverfahrens. Eine weitere Aufschlüsselung der Satzdauer unter diese Grenze ist möglich, wenn man die numerische Verteilung der in einer Sekunde eintreffenden Rufe (Häufigkeit von X Anrufen in 1 Sekunde; X=1 ...n) erfaßt. Diese Zusatzstatistik ist in das Auswerteprogramm mit eingebaut, so daß Aussagen auch für Zeiten unter 1 Sekunde möglich sind.

Bild 3.6 zeigt eine mit dem Meßaufbau in 60 Stunden Meßzeit aufgenommene Verteilungsfunktion, die einige für die gegebene Fertigung charakteristische Merkmale aufweist. Die Diagramme enthalten auch die Vergleichskurven der Postprocessordaten; Zeiten über T = 16 Sekunden sind nicht mehr dargestellt. Ihr prozentualer Anteil an der Gesamtrufzahl ist kleiner als 1 %. Ein Großteil der Anrufabstände liegt bei 1 Sekunde. Ursache hierfür ist der ungewöhnlich häufige Aufruf von Hilfsfunktionen, Multiplikatorumschaltungen und kleinen Zustellbewegungen. In jedem dritten Satz sind im Mittel derartige Funktionen programmiert.
Das zweite Maximum liegt bei (4...5) Sekunden. Es enthält die Bohr- und Fräsbearbeitungen sowie die Verfahrzeiten zwischen zwei Bearbeitungsoperationen. Das dritte Maximum schließlich (T = (10...12)s) wird beeinflußt durch den Werkzeugwechsel und von längeren Fräsoperationen (Umrißfräsen).

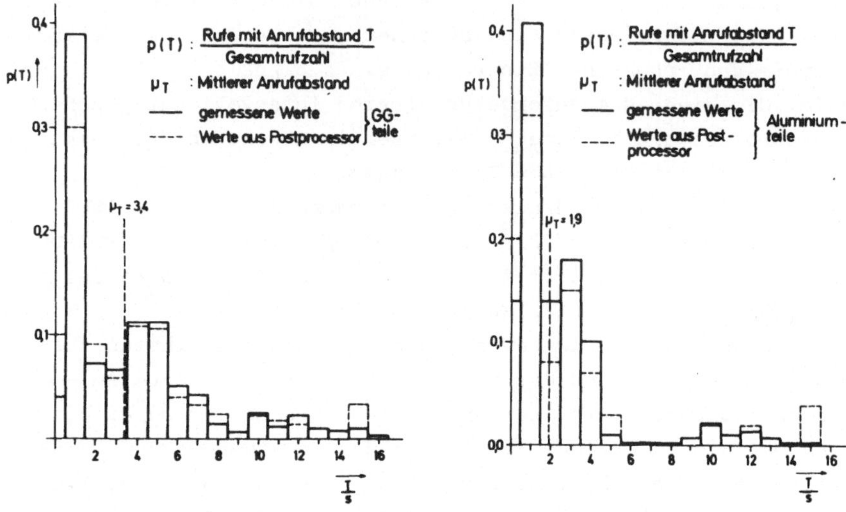

Bild 3.6: Verteilung der Satzdauer bei Guß- und Aluminiumteilen (Beobachtungszeitraum 60 Stunden)

Ähnliche Merkmale besitzt die zweite Verteilung in Bild 3.6 (Aluminiumteile), aufgenommen an derselben Maschine für einen anderen Werkstoff. Das Bearbeitungsmaximum der Gußteile (T = 6 s) rückt aufgrund der höheren Vorschubgeschwindigkeit zu kleineren Zeitwerten, während das Maximum bei T = (10...12) s erhalten bleibt. Deutlich ist damit der werkstückinvariante Anteil der Verteilung zu unterscheiden von dem werkstückbezogenen Anteil, den Werkstückeigenschaften wie Abmessungen und Werkstoff verändern.

Zusätzlich enthalten die Darstellungen die aus dem PP ermittelten Verteilungen. Man erkennt die Übereinstimmung der Daten. Die Abweichungen bei großen Zeitwerten erklären sich aus der Tatsache, daß der PP eine feste Einwechselzeit von 15 Sekunden vorgibt, während die tatsächliche Einwechselzeit der

Maschine zwischen 10 und 12 Sekunden liegt.
Das Ergebnis erlaubt die Aussage, daß der Bearbeitungsprozeß mit den vom NC-Programm vorgegebenen Werten arbeitet. Reduzierungen des Vorschubs von Hand oder äußere Störeinflüsse verändern die Satzdauer im dargestellten Zeitbereich nur unwesentlich.
Die PP-Daten besitzen demnach dieselbe Aussagekraft wie Meßdaten. Diese Tatsache ist insbesondere für die Untersuchung neuer DNC-BTR-Konzepte von Bedeutung, denn sie erlaubt die Ermittlung der zeitlichen Anforderungen an das Steuerungssystem aus Daten vorhandener NC-Programme.
Es existieren viele Anrufprozesse, die von dem dargestellten Verlauf deutlich abweichen. Bild 3.7 z. B. zeigt den Anrufprozeß eines DNC-Systems für Prüfautomaten [25], der näherungsweise einen konstanten Anrufabstand besitzt (μ_T = 325 ms).

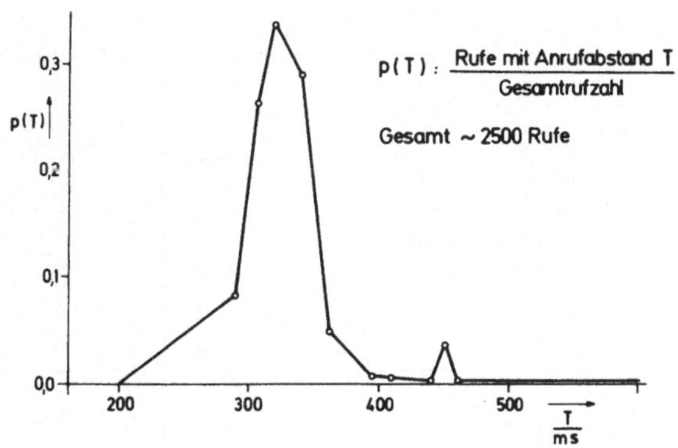

Bild 3.7: Anrufprozeß mit konstantem Rufabstand (Prüfautomat)

Anstelle der Dichtefunktion p(T) findet sich in der Literatur häufig die Darstellung der Summenhäufigkeit P(< T). Sie gibt an, mit welcher Wahrscheinlichkeit ein Anrufabstand kleiner ist als eine vorgegebene Zeit T. Zwischen p(T) und P(<T) besteht der Zusammenhang [26]:

$$P(<T) = \int_0^T p(T)\, dT \qquad (3.1)$$

Aus der Dichtefunktion p(T) leitet sich die Summenhäufigkeit P(<T) für die vorliegende diskrete Verteilung ab aus der vereinfachten Gleichung [26]:

$$P(<T) = \sum_{v=1}^{\frac{T}{\Delta T}} p_v(T) \qquad (3.2)$$

Die Größe $p_v(T)$ stellt die relative Häufigkeit des Anrufabstands $v \cdot \Delta T$ dar, wobei ΔT die Meßfeinheit des Zeitmaßstabs bestimmt.

Die Summenhäufigkeit des Anrufprozesses einer numerisch gesteuerten Drehteilefertigung zeigt Bild 3.8. Es enthält zusätzlich die mit dem in [26] angegebenen Verfahren berechneten Mittelwerte μ_T und die Varianzen $\sigma_T{}^2$ von zwanzig NC-Programmen für Drehteile. Der Mittelwert μ_{T0} des Anrufabstands weicht von dem festen Wert T = 1,7 s nur wenig ab.

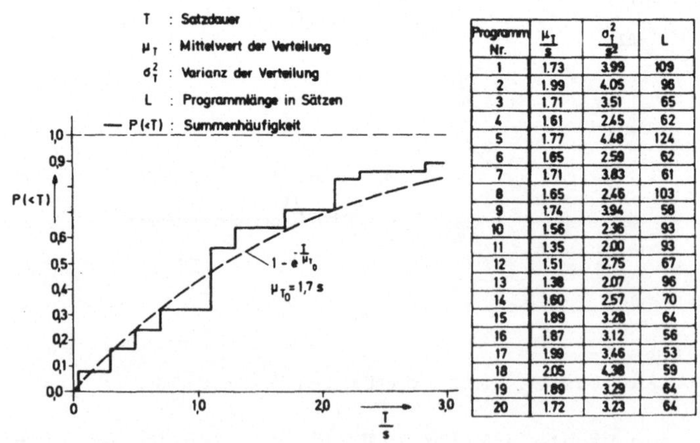

Programm Nr.	$\frac{\mu_T}{s}$	$\frac{\sigma_T^2}{s^2}$	L
1	1.73	3.99	109
2	1.99	4.05	96
3	1.71	3.51	65
4	1.61	2.45	62
5	1.77	4.48	124
6	1.65	2.59	62
7	1.71	3.83	61
8	1.65	2.46	103
9	1.74	3.94	58
10	1.56	2.36	93
11	1.35	2.00	93
12	1.51	2.75	67
13	1.38	2.07	96
14	1.60	2.57	70
15	1.89	3.28	64
16	1.87	3.12	56
17	1.99	3.46	53
18	2.05	4.38	59
19	1.89	3.29	64
20	1.72	3.23	64

Bild 3.8: Summenhäufigkeit und Kennwerte einer Drehteilefertigung

Jeder Teilefamilie kann man demnach, bei vorgegebenen Arbeitsmaschinen, einen durch die Größe μ_T gekennzeichneten Anrufprozeß zuordnen. Diese Feststellung trifft auch für andere untersuchte Familien zu. Der Einfluß der Varianz wird in Abschnitt 5.4.3 abgeschätzt.

Mehrere Arbeiten [3, 10, 11, 12] nähern die Summenhäufigkeitskurve des Anrufprozesses mit Hilfe negativ-exponentieller Funktionen an:

$$\frac{dP(<T)}{dT} = \begin{cases} \lambda e^{-\lambda T} & \text{für } T \geqq 0 \\ 0 & \text{für } T < 0 \end{cases} \tag{3.3}$$

mit

$$\lambda = \frac{1}{\mu_T} \tag{3.4}$$

und nach Gleichung (3.1)

$$P(<T) = \begin{cases} 0 & \text{für } T < 0 \\ 1 - e^{-\lambda T} & \text{für } T \geqq 0 \end{cases} \tag{3.5}$$

Dieser Ansatz ist dann zweckmäßig, wenn zwischen μ_T und σ_T^2 der für negativ-exponentielle Funktionen gültige Zusammenhang besteht [27]:

$$\mu_T^2 = \sigma_T^2 \tag{3.6}$$

Aus Bild 3.8 ist zu entnehmen, daß die Werte von μ_T und σ_T^2 Gleichung (3.6) näherungsweise erfüllen. Die negativ-exponentielle Funktion erfaßt die Satzdauerverteilung hier hinreichend genau. Für die in Bild 3.6 bzw. 3.7 dargestellten Anrufprozesse bestehen die geforderten Zusammenhänge nicht, d. h. sie sind mit dem in Gleichung 3.3 dargestellten Ansatz nicht beschreibbar.

3.3.2 Verteilung der Programmdauer

Die Verteilung der Programmdauer $p(T_P)$ gibt an, mit welcher relativen Häufigkeit ein NC-Programm T_P Sekunden dauert.

Die in Bild 3.9 dargestellten Kurven fassen Daten von 107 NC-Programmen zusammen, für die aus PP-Ausdrucken die Haupt- und Nebenzeiten entnommen wurden.

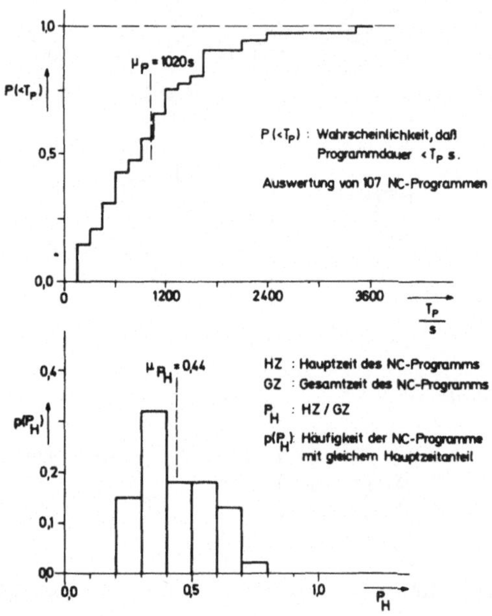

Bild 3.9: Verteilung der NC-Programmzeiten

Im mittleren Abstand von μ_P = 1020 s fordert die NC hier ein neues Programm an. Der DNC-Entwurf muß diesen häufigen Programmwechsel ebenso berücksichtigen wie der Entwurf des Transportsystems zwischen den einzelnen Maschinen bzw. dem Spannplatz. So können zum Beispiel DNC-Lösungen, die Vorzugsbereiche auf einem Externspeicher mit der langen Zugriffszeit eines Magnetbandes nachladen, unter diesen Bedingungen nur eine geringe Zahl von NC-Maschinen aktuell mit Daten versorgen [3, 11].

Eine weitere Forderung leitet sich aus der Programmdauerverteilung ab. Die Häufigkeit mit der NC-Programme länger als 1800 s laufen, legt den Gedanken nahe, sie in mehrere Segmente

zu zerlegen, für die der Rechner auf Anforderung die zugehörigen Programmabschnitte bereitstellt. Zu Beginn jedes Segments steht die Maschine auf einem maschinenfesten Bezugspunkt, von dem aus man sie neu starten kann. Die Funktion "Segmentanforderung" ist insbesondere für Nacharbeiten von Bedeutung (vgl. Abschnitt 3.4).
Bild 3.9 enthält in einem weiteren Diagramm die Häufigkeitsverteilung der NC-Programme mit gleichem prozentualen Hauptzeitanteil. Aus der Kurve entnimmt man für das vorliegende Fertigungsspektrum einen mittleren Hauptzeitanteil von 44 %. Dieser Grenzwert ist dann erreichbar, wenn die Fertigungseinrichtungen störfrei arbeiten. Eine wesentliche Steigerung über diesen Wert hinaus ist, bei gegebenem Teilespektrum, nur mit einem abgewandelten Maschinenkonzept möglich (schneller Werkzeugwechsel, Eilganggeschwindigkeiten größer als 10 m/min), das den Nebenzeitanteil der NC-Programme wesentlich reduziert.

3.3.3 Die Satzlängenverteilung

Die Verteilung der Satzlänge p(Z) erfaßt die relative Häufigkeit der NC-Programmsätze mit Z Zeichen. Ihr Mittelwert - im vorliegenden Fall hat μ_L den Wert μ_L = (13...14) Zeichen - legt fest, wieviele Zeichen der Digitalrechner bei jeder Datenausgabe im Mittel an die numerische Steuerung abgibt. Aus dieser Größe errechnet sich, zusammen mit der Datenübertragungsfrequenz der Übertragungsstrecke Rechner - NC, die mittlere Belastung dieser Übertragungsstrecke und die mittlere Entleerzeit des NC-Datenpuffers im DNC-Rechner.

Die gesuchte Verteilung p(Z) erhält man aus den NC-Programmen durch Auszählen der Zeichenzahl je Satz. Die Auswertung kann aber auch mit Hilfe eines im DNC-Rechner abgelegten Rechnerprogramms erfolgen, das die auf dem Externspeicher des DNC-Systems abgelegten Steuerdaten aufbereitet und statistisch auswertet.
Bild 3.10 zeigt eine mit dem Rechner aufgenommene Verteilung von 107 NC-Programmen sowie die aus dieser Verteilung abgeleitete Summenhäufigkeitskurve.

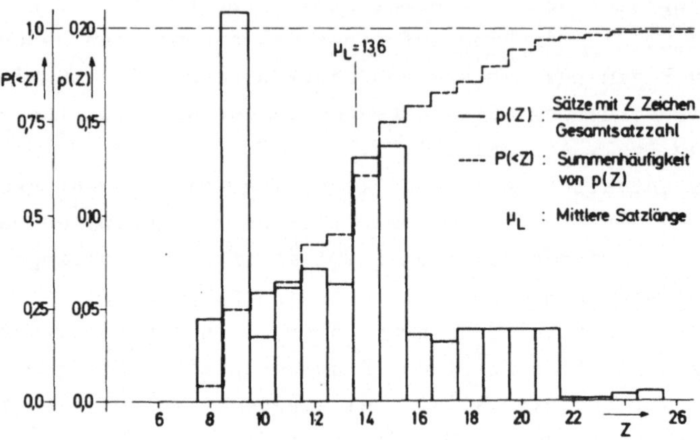

Bild 3.10: Satzlängenverteilung der NC-Programme eines flexiblen Fertigungssystems

Die Maxima der Satzdauer p(T) entsprechen den Maxima der Satzlängenverteilung p(Z). Den Hochpunkt bei Z = 9 Zeichen verursachen zum Beispiel NC-Sätze mit Hilfsfunktionen, die mit einem Anrufabstand unter 1 Sekunde neue Daten anfordern. Sätze mit geometrischen Informationen für eine Achse benötigen 14 bis 15 Zeichen. Die Häufigkeit dieser Satzlänge läßt darauf schließen, daß die Werkstücke dieser Fertigung überwiegend einachsig bearbeitet werden.
Gleichzeitig schöpft die Programmierung die maximal mögliche Zahl von 42 Zeichen je Satz nicht aus, wie sich aus dem Wert Z_{max} = 25 Zeichen ergibt.
Auch andere Teilefamilien lassen einen Werkstückeinfluß auf die Verteilung p(Z) erkennen. Die mittlere Satzlänge untersuchter Drehteile liegt bei μ_L = 25 Zeichen, für mehrachsige Arbeitsmaschinen steigt er auf über 40 Zeichen an.

3.3.4 Programmlängenverteilung

Die Programmlängenverteilung p(L)(Bild 3.11) schließlich

beschreibt die relative Häufigkeit der NC-Programme mit L Sätzen. Aus dem Mittelwert μ_{PL} leiten sich ab:

1. die Größe des Externspeichers des DNC-Systems, die sich aus μ_{PL} und der Zahl der abgelegten Verwaltungs- und NC-Programme bestimmt.
2. Bei Systemen mit schnellem Vorzugsspeicher die Größe dieses Vorzugsbereichs und
3. den Umfang des Zwischenspeichers an der NC für den Fall, daß man komplette NC-Programme vor der numerischen Steuerung ablegt, wie es einige konventionelle Lösungen vorsehen [9].

Aus dem Mittelwert μ_{PL} = 280 Sätze errechnet sich zusammen mit der mittleren Programmdauer μ_P eine mittlere Satzdauer von 3,64 s, ein Wert, den die Messung nach Bild 3.6 bestätigt. Die Drehteilefertigung dagegen weist nur eine mittlere Programmlänge von μ_{PL} = 70 NC-Sätze auf.

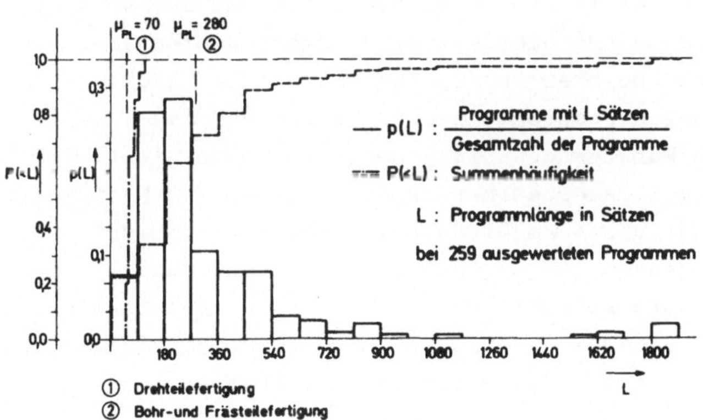

Bild 3.11: Programmlängenverteilung

3.3.5 Die Bearbeitungspriorität

Für eine Reihe zeitkritischer Satzfolgen des NC-Programms muß der Einlesevorgang der Steuerdaten innerhalb einer Mindestzeit abgeschlossen sein. Den zulässigen Wert der Einlesedauer

bestimmen sowohl geometrische als auch technologische Forderungen. Es wird vorgeschlagen, derartige Satzfolgen mit einer Kennung, der "Bearbeitungspriorität" zu versehen.
Im Bereich "Geometrie" ergeben sich z. B. dann zeitkritische Satzfolgen, wenn durch zu hohe Einlesezeiten Markierungen auf der Werkstückoberfläche infolge des Freischneidens der Werkzeuge entstehen.
Für den Bereich "Technologie" läßt sich das Beispiel "Gewindeschneiden" anführen. Gibt die NC bei der Zustellbewegung keine Vorschubimpulse mehr aus, muß das Signal "Spindelstopp" innerhalb einer festgelegten Zeit wirksam werden, wenn man ein Ausbrechen des Gewindeschneiders verhindern will. Diese Aussage gilt nur für den Fall, daß die NC keinen Gewindeschneidzyklus besitzt.
Mehrere Arbeiten machen den Vorschlag [10, 12], die maximal zulässige Einlesedauer dem Rechner zu übergeben und die Ausgabepriorität des DNC-Systems von dieser Größe abhängig zu machen. Abschnitt 5 weist nach, daß es schon genügt, die zeitkritischen Satzfolgen zu kennzeichnen und sie so abzuspeichern, daß der Rechner sie mit <u>einem</u> Datentransfer von dem peripheren Speicher in den Zentralspeicher lädt.
Die bekannten Programmiersprachen bieten diese Möglichkeit, derartige Markierungen zu generieren, noch nicht. Der DNC-Anwender muß daher selbst darauf achten, daß Wartezeiten infolge einer unzweckmäßigen Datenspeicherung nicht auftreten.
Im vorliegenden Anwendungsfall spielt die Bearbeitungspriorität eine untergeordnete Rolle. Außer dem Befehl "Spindelstopp" bei Gewindeschneiden sind keine weiteren Satzfolgen zeitkritisch. Für andere Teilespektren (Drehbearbeitung, Konturfräsen) kann diese Größe aber entscheidende Bedeutung erlangen.

3.4 Die Aufgabenbereiche eines DNC-Systems

Die sich aus den beschriebenen Fertigungseigenschaften ergebenden Anforderungen erfüllt das DNC-System mit Hilfe der in Bild 3.4 zusammengestellten Steuerungsfunktionen.
Sie gliedern sich im Bereich "Prozeßsteuerung" in die Gruppen "Steuerdatenverteilung", "Steuerdatenverwaltung", "Überwachung"

und "Übernahme von Steuerungsfunktionen". Entsprechend den bisher dargestellten Fertigungseigenschaften steht dieser Themenkreis, der die Automatisierung des technischen Informationsflusses [20] beschreibt, im Mittelpunkt des Interesses.

Die folgenden Abschnitte schlüsseln die angesprochenen Themen weiter auf. Sie orientieren sich an der in [11] entwickelten Gliederung der DNC-Aufgabenbereiche. Die Beschreibung geht dabei besonders auf spezifische Steuerungsaufgaben der vorliegenden Fertigung sowie auf Erweiterungen des ursprünglichen DNC-Konzepts [10] ein.
Die Zusammenarbeit der einzelnen Funktionsblöcke organisiert das Betriebssystem des Rechners. Dieser Programmkomplex und die dazugehörige Rechnerperipherie werden hier nur soweit behandelt, wie es das Verständnis der dargestellten Lösungen erfordert.
Die folgenden Ausführungen beschreiben die DNC-Funktionen unter besonderer Berücksichtigung der Anforderungen flexibler Fertigungssysteme.

3.4.1 NC-Steuerdatenverteilung

Die Steuerdatenverteilung ist die eigentliche Aufgabe des DNC-Systems. Sie organisiert die zeit- und formatgerechte Verteilung der auf dem Externspeicher des Rechners abgelegten NC-Programme an mehrere unabhängige Arbeitsmaschinen mit Hilfe der Funktionen "Steuerdatenanforderung", "-bereitstellung" und "Datenausgabe" (Bild 3.12).

3.4.1.1 NC-Steuerdatenanforderung

Vor der Datenausgabe ordnet der DNC-Rechner einer Arbeitsmaschine NC-Steuerdaten zu.
Bei den meisten der bekanntgewordenen Lösungen fordert der Bediener über eine Handeingabe das entsprechende Programm am DNC-Zusatz an [16, 22]. Im vorliegenden Fall liest eine Lesestation im Werkstückspeicher die Programmnummer an der Palette und übergibt sie auf Anforderung dem DNC-Rechner. Diese Lösung ist Voraussetzung für die Funktionstüchtigkeit des verketteten Fertigungssystems, das ohne Bediener arbeitsfähig sein muß.

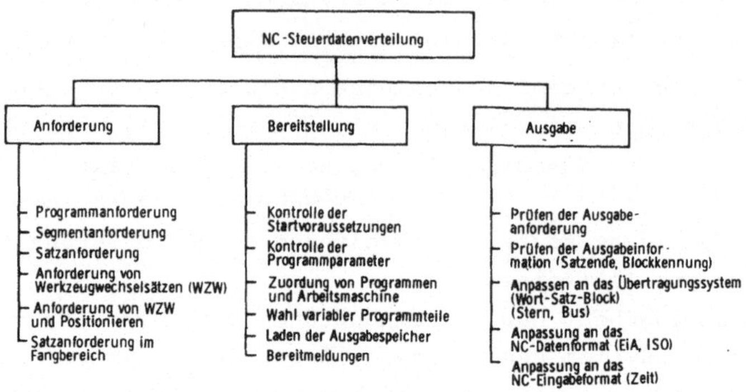

Bild 3.12: Funktionen der Steuerdatenverteilung

Zusätzlich ist eine manuelle Programmanforderung am DNC-Zusatz für den Fall möglich, daß der zentrale Werkstücktransport ausfällt und der Bediener die Werkstücke direkt an der Maschine spannt.

Die lange Laufzeit der NC-Programme legt den Gedanken nahe, sie in Segmente aufzuteilen, die der Rechner auf Anforderung (Segmentanforderung) an die NC ausgibt. Kennzeichnend für das Segment ist, daß am Beginn und am Ende dieses NC-Programmabschnitts die Arbeitsmaschine den maschinenfesten Nullpunkt anfährt und die Arbeitsspindel leerwechselt. Dieser definierte Zustand erlaubt die Aufnahme der Bearbeitung an jedem Segmentbeginn, ohne daß Bearbeitungsfehler durch falsche Satzvorwahl entstehen oder Bearbeitungsschritte doppelt ausgeführt werden. Die im System realisierte Funktion ist insbesondere für Nacharbeiten von Bedeutung.

Die Segmenttechnik bietet noch einen weiteren Vorteil. Erkennt man z. B. während des Programmtests Fehler im NC-Programm, so muß man hier nur die fehlerhaften Segmente neu rechnen, während die übrigen Programmabschnitte unverändert beibe-

halten werden können. Neben einer verkürzten Testphase ergeben sich so erheblich verkürzte Rechenzeiten für die NC-Programmerstellung. Die bekannten Programmiersprachen bieten diesen Komfort teilweise noch nicht, obwohl die Anwendung der Segmenttechnik wünschenswert erscheint.
Die Satzvorwahl ist in DNC-Systemen flexibler Fertigungssysteme problematisch, da sie sich gegen Bedienungsfehler nur unzureichend absichern läßt. Eine erhöhte Sicherheit bietet die Satzvorwahl von Werkzeugwechselsätzen, bei der der DNC-Rechner eine Satzanforderung nur dann akzeptiert, wenn sich die Arbeitsmaschine in der durch Endschalter kontrollierten Werkzeugwechselposition befindet und einen Werkzeugwechselsatz aufruft. Diese Eingabe verhindert Bedienungsfehler, die bei ungeprüfter Satzvorwahl Bearbeitungen mit dem falschen Werkzeug zur Folge haben können.
Der Einsatz des DNC-Systems erlaubt eine weitgehende Absicherung gegen fehlerhafte Datenanforderungen, wobei der Einbau dieser Sicherheitsfunktionen die Ausschußquote deutlich senkt.

3.4.1.2 Bereitstellung

Der Rechner stellt nach einer zulässigen und geprüften Anforderung für die entsprechende Arbeitsmaschine Steuerdaten bereit und quittiert der NC die eingelesene Programmnummer.
In Fertigungen mit häufigem Werkstückwechsel, ein Kennzeichen flexibler Fertigungssysteme, ist die wahlfreie Bereitstellung aller zulässigen NC-Programme Voraussetzung für die Arbeitsfähigkeit der Anlage. Sie läßt sich nur mit Hilfe des Prozeßrechners realisieren.
Konventionelle Lösungen, die z. B. durch einen Programmsuchlauf auf dem Lochstreifen der NC, der mehrere NC-Programme gespeichert hat, ein gewünschtes NC-Programm auswählen, haben den Nachteil, daß

1. nur eine beschränkte Anzahl von NC-Programmen auf dem Lochstreifen verfügbar ist,
2. bei Wechsel der Fertigungsaufgabe der gesamte NC-Lochstreifen getauscht werden muß, wenn das angewählte Programm auf dem eingelegten Lochstreifen nicht enthalten

ist, und

3. bei dem vorliegenden Bearbeitungsspektrum der Suchlauf über 10 % der Programmlaufzeit betragen kann. Dieser Wert errechnet sich unter der Annahme, daß ein NC-Programm im Mittel 17 Minuten läuft und der 300-Zeichenleser 1000 Sätze mit 15 Zeichen überliest, bis er die entsprechende Steuerinformation findet (Rückspulen zum Bandanfang und neuer Suchlauf).

DNC-Systeme weisen keinen der genannten Nachteile auf. Der Programmteil "Wahl variabler Programmteile" erlaubt dem DNC-System die Modifikation des NC-Programms durch Ausgabe zusätzlicher Steuersätze. Wenn der Rechner z. B. den Ausfall des Werkstücktransportsystems erkennt, verfährt er die Arbeitsmaschine von der maschinenfesten Werkstückwechselposition in eine Arbeitslage, die es dem Bediener erlaubt, Werkstücke manuell auf die Palette aufzuspannen. Die hierfür benötigten Steuersätze werden nur für die Dauer der Störzeit als Vorspann vor dem eigentlichen NC-Programm ausgegeben.

3.4.1.3 NC-Steuerdatenausgabe

Die Funktion "Steuerdatenausgabe" überträgt auf Anforderung die im Zentralspeicher bereitgestellten Daten zeit- und formatrichtig zu den numerischen Steuerungen.
Wesentliche gerätetechnische Komponente der Systemfunktion ist das Übertragungssystem Rechner-NC. Eine ausführliche Darstellung verschiedener Übertragungs- und Koppeltechniken findet sich in mehreren Arbeiten [3, 10, 11, 12] für verschiedene Anwendungsfälle.
Die für die Auslegung der Übertragungssysteme wesentliche Fragestellung, wieviele NC-Daten im Zentralspeicher oder Koppelelement für die Ausgabe gespeichert werden sollen, beantwortet Kapitel 5 mit Hilfe von Ergebnissen der Systemsimulation.

3.4.2 NC-Steuerdatenverwaltung

Die Steuerdatenverwaltung übernimmt die Archivierung, Korrektur und Modifikation der eingelesenen NC-Steuerdaten.

3.4.2.1 Archivierung und Korrektur

Bild 3.13 zeigt eine Zusammenstellung möglicher Funktionen.

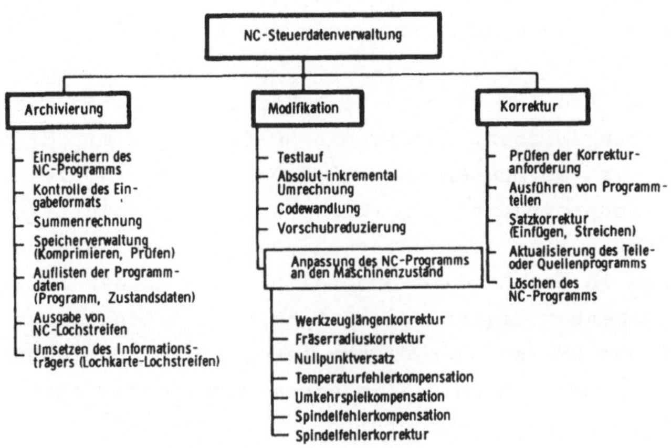

Bild 3.13: Funktionen der Steuerdatenverwaltung

Der Programmkomplex "Archivierung" prüft die über die Rechnerperipherie eingelesenen Steuerdaten auf Vollständigkeit (Summenrechnung der Achswerte) und richtiges Datenformat, bevor er sie auf dem Externspeicher des Rechners ablegt und das Programmverzeichnis des DNC-Systems aktualisiert.
Die Korrekturprogramme ermöglichen die zeichen- oder satzweise Änderung der abgespeicherten Daten [28]. Zwei Fehlerfälle rufen dabei eine Programmkorrektur auf.
Zum einen enthalten die vom Compiler des Programmiersystems generierten NC-Programme u. U. nicht alle für die Bearbeitung erforderlichen Anweisungen, zum anderen ist häufig eine nachträgliche technologische Optimierung der NC-Programme bezüglich Vorschub, Drehzahl, Spantiefe oder Fertigungstoleranzen durchzuführen. Diese technologische Optimierung sollte nach Möglichkeit direkt an der Arbeitsmaschine erfolgen, um die Wirkung der vorgenommenen Maßnahmen unmittelbar beurteilen zu können. Bei konventionellen NC-Fertigungen nimmt diese

Testphase bis zu 6 Prozent [22] der verfügbaren Maschinenzeit in Anspruch. Sie verkürzt sich bei DNC-Einsatz auf einen Bruchteil dieses Zeitraums.
Für viele Anwendungsfälle liefert allein schon die hieraus resultierende Nutzungssteigerung der Fertigungseinrichtungen eine ausreichende Begründung für die Einführung des DNC-Systems.
Auf einige Probleme der on-line-Korrektur sei an dieser Stelle noch hingewiesen. Ändert man NC-Programme mit Hilfe des DNC-Systems, so müssen anschließend auch die NC-Teileprogramme (Quellenprogramme) korrigiert werden. Erfolgt diese Änderung nicht, existieren unterschiedliche Versionen der NC-Programme in der Arbeitsvorbereitung und in der Fertigung. Einige Anwender umgehen diese Schwierigkeiten, indem sie auf dem mit dem DNC-Rechner direkt gekoppelten Großrechner die Teileprogramme ändern und in einem unmittelbar anschließenden Compilerlauf neue NC-Programme generieren [14].

3.4.2.2 Modifikation der NC-Programme

Der Begriff "Modifikation" umschreibt Funktionen, die das vorgegebene NC-Programm an den aktuellen Zustand der Fertigungseinrichtung anpassen. In konventionellen NC-Fertigungen führt der Bediener diese Anpassung über Handeingaben durch.
Sie wird notwendig, da automatisch arbeitende Maschinen momentan noch nicht in der Lage sind, ohne Eingriff von außen ein Werkstückpaßmaß über längere Zeit zu halten. Folgende Gründe sind hierfür maßgebend:

1. Werkzeugverschleiß
2. Voreinstellfehler der Werkzeuge
3. Verlagerungen der Relativlage "Spindel - Werkzeug" infolge Erwärmung, Aufspannungenauigkeiten, Drehtisch- oder Werkzeugwechselfehler.

Die thermischen Verlagerungen der Spindel lassen sich durch konstruktive Maßnahmen verringern, eine vollständige Beseitigung dieser Fehlereinflüsse ist aber nicht möglich. Eine Kontrolle der Werkstückabmessungen ist deshalb immer erforderlich [2].

Fehler, die auf Werkzeugverschleiß und Temperaturfehler zurückgehen, korrigiert das Rechenwerk der NC automatisch, wenn die über Meßzeuge oder Meßmaschinen ermittelten Korrekturwerte der NC an Eingabeschaltern zur Verfügung stehen. Das NC-Programm ruft dazu unter der im Programm festgelegten Adresse die Korrekturwerte für das zugehörige Werkzeug ab.
Diese bisher übliche Technik läßt sich ohne Änderung für flexible Fertigungssysteme nicht beibehalten. Zum einen steht an der Arbeitsmaschine kein Bediener mehr zur Verfügung, der die aktuellen Korrekturwerte eingibt, zum anderen aber bearbeitet das flexible Fertigungssystem in wahlfreier Reihenfolge verschiedene Werkstücke auf einer Arbeitsmaschine, deren NC-Programme unter <u>einer</u> Korrekturadresse unterschiedliche Korrekturwerte anfordern. Da nur eine beschränkte Zahl von Korrekturadressen zur Verfügung steht, ist eine feste Zuordnung der Adressen zu den NC-Programmen nicht möglich. Die dann notwendige manuelle Anpassung der Korrekturwerte an das Werkstück überfordert bei häufigem Werkstückwechsel das Bedienungspersonal. Erst eine Automatisierung der Korrekturwerterfassung und der Programmodifikation erschließt demnach dem Anwender die vollen Vorteile des flexiblen Fertigungssystems, da sie die Qualität des Arbeitsergebnisses unabhängig macht von Eingriffen des Bedieners.
Die angesprochenen Probleme tauchen dann nicht auf, wenn nur voreingestellte Werkzeuge mit definierten Abmessungen zum Einsatz kommen. Bei Fräswerkzeugen ist diese Forderung jedoch nur dann zu erfüllen, wenn man die Werkzeuge jeweils auf festgelegte Zwischenmaße zurückschleift.
Die angesprochenen Probleme lassen sich auch mit einer in das DNC-System integrierten Meßsteuerung teilweise lösen (Bild 3.14), deren Prinzip im Rahmen dieser Arbeit entwickelt wurde. Sie erkennt die Relativlage "Werkzeugspindel - Werkstück" über einen Eingriffsensor, der die Impulse eines zweiten Meßsystems unterbricht, sobald das Werkzeug das Werkstück berührt. Das zweite Meßsystem ist mit dem Meßsystem der numerischen Steuerung spielfrei gekoppelt. Der Eingriffsensor erfaßt dabei die Berührung von Werkzeug und Werkstück.

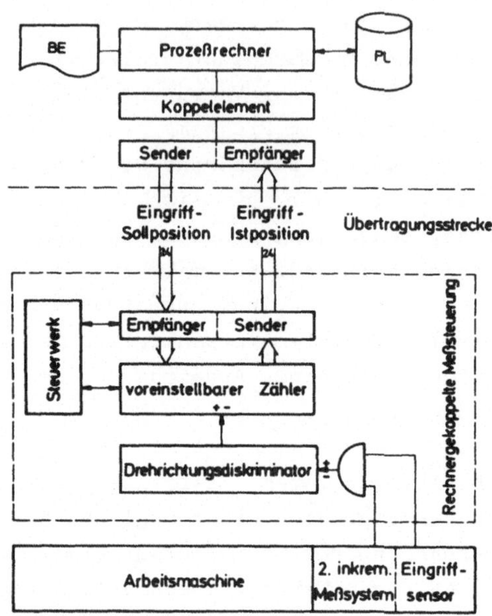

Bild 3.14: Aufbau einer rechnergekoppelten Meßsteuerung

Die Impulse des Meßsystems werden in einem voreinstellbaren Zähler aufsummiert. Wird in diesen Zähler mit Beginn des Bearbeitungssatzes der Sollwert der Eingriffsposition eingeschrieben, kann der Rechner mit Abschluß des Bearbeitungssatzes die Soll-Ist-Differenz auslesen und die nachfolgenden Steuersätze entsprechend der Abweichung mit Hilfe von Rechenprogrammen modifizieren. Die Eingriffsposition ist mit der Meßfeinheit des zweiten Meßsystems erkennbar. Der Aufbau des Eingriffsensors erlaubt bei Verwendung von Werkzeugen definierter Länge ein Ausmessen von Maschinenverlagerungen.
Die Berührungserkennung ist auch dann möglich, wenn Bearbeitungswerkzeuge in die Spindel eingewechselt werden. Werden hier definiert vorbearbeitete Werkstückflächen angefahren, so lassen sich die Werkzeuglängenkorrekturen errechnen.

Es existieren eine Reihe ähnlicher Verfahren, die auf eine Automatisierung der Werkzeuglängen- bzw. Temperaturfehlerkorrektur zielen [29, 30]. Die Arbeitsmaschine fährt dabei einen maschinenfesten Referenzpunkt an, an dem eine Meßeinrichtung angebracht ist, die die Werkzeugmaße aufnimmt. Mit diesem Verfahren ist es aber nicht möglich, Maßabweichungen am Werkstück festzustellen, ein Vorteil, den die beschriebene Meßsteuerung besitzt.
Durch Einbeziehen des Meßvorgangs in den von Programmträgern automatisch gesteuerten Arbeitsablauf wird die Maßgenauigkeit der gefertigten Werkstücke vom Geschick des Bedieners unabhängig. Die rechnergekoppelte Meßsteuerung erfüllt damit eine Anforderung, die sich bei flexiblen Fertigungssystemen verschärft stellt, da sich Bearbeitungsfehler, falls keine Meßmaschine in das System integriert ist, erst bei der Endkontrolle zeigen. Eine laufende Kontrolle des Arbeitsergebnisses reduziert gleichzeitig die Systembelastung durch Ausschußteile und verkürzt die Durchlaufzeit der Werkstückserie durch das Fertigungssystem.

3.4.3 Überwachung

Die Verfügbarkeit flexibler Fertigungssysteme hängt entscheidend von der Ausfallrate der einzelnen Komponenten ab; bei sich ergänzenden Arbeitsmaschinen multiplizieren sich die Ausfallwahrscheinlichkeiten der einzelnen Bausteine. Um eine Verfügbarkeit ähnlich der konventioneller Fertigungen zu erreichen, darf daher der einzelne Systembaustein hier nur eine weitaus geringere Ausfallrate besitzen als in unverketteten Systemen. Der Begriff "Verfügbarkeit" wird für diese Ausführungen definiert als Quotient der Zeit, die zwischen zwei Ausfällen vergeht, zu der Summe dieser und der für die Instandsetzung benötigten Zeit.
Eine Steigerung der Verfügbarkeit ist sowohl durch konstruktive Maßnahmen als auch durch eine intensive Überwachung erreichbar (Bild 3.15). Einige numerische Steuerungen besitzen deshalb schon heute selbstüberwachende Logikschaltungen bzw. Testeinheiten, die über Lochstreifeneingaben Hardwarefehler

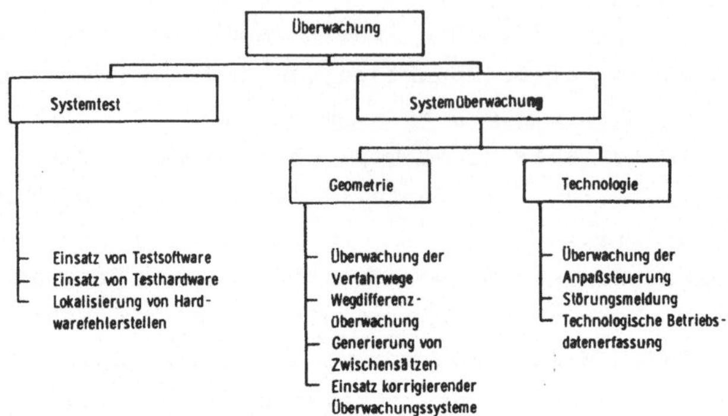

Bild 3.15: Überwachungsfunktionen

lokalisieren [31]. Der vorbeugenden Wartung dient der Systemtest mit Hilfe des Rechners. Die Übertragungsstrecke Rechner-NC läßt sich z. B. in einem Bruchteil der bisher üblichen Zeit auf Hardwarefehler testen, wenn der Rechner mit Hilfe einer Testsoftware Prüfsignale auf die Strecke gibt und die Reaktion des DNC-Systems auswertet. Dieses eingesetzte Prüfverfahren ist auch für weitere Systemkomponenten - wie Anpaßsteuerung oder numerische Steuerung - anwendbar.

Eine zur NC parallele Überwachung der Verfahrwege der Arbeitsmaschine ermöglicht der in Bild 3.14 dargestellte Aufbau, bei dem der Eingriffsensor nicht zum Einsatz kommt. Der Rechner liest die Endposition des Bearbeitungssatzes in den Zähler ein. Wird während der Bearbeitung dieser vorgegebene Wert überschritten, hält das System die Arbeitsmaschine solange an, bis ein Bediener die Fehlerursache feststellt und die Maschine freischaltet. Diese Überwachungssysteme - die amerikanische Literatur bezeichnet sie als Monitorsysteme - verhindern eine fehlerhafte Positionierung der numerischen Steuerung. Ein derartiges System wurde im Rahmen dieser Arbeit erstmalig unter Verwendung des DNC-Rechners realisiert.

Der in Bild 3.14 dargestellte Aufbau läßt sich damit in Fertigungssystemen sowohl für die Überwachung als auch für die automatische Meßwerterfassung einsetzen.

3.4.4 Übernahme von NC-Funktionen durch das DNC-System eines flexiblen Fertigungssystems

Die meisten der in der konventionellen numerischen Steuerung realisierten Funktionen sind auf die unverkettet arbeitende Maschine abgestimmt. Alle Ein- und Ausgabefunktionen werden z. B. hardwaremäßig ausgeführt und stehen dem Bediener direkt zur Verfügung.
Der Einsatz des Prozeßrechners erlaubt den Aufbau modifizierter Steuerungskonzepte, wobei verschiedene Stufen des Rechnereinsatzes denkbar sind [32]. An dieser Stelle sollen aus der Vielzahl der Möglichkeiten jedoch nur die herausgegriffen werden, die alle für das autarke Arbeiten der Fertigungseinrichtungen notwendigen Funktionen in der Steuerungshardware belassen und Rechnerprogrammen die in Bild 3.16 zusammengestellten Zusatzfunktionen übertragen. Diese Aufgabenteilung erweist sich für das vorgegebene DNC-BTR-Konzept eines flexiblen Fertigungssystems als vorteilhaft.
Die autarke Hardwaresteuerung besitzt dabei in Zusammenarbeit mit dem Rechner einen größeren Bedienungskomfort als die unveränderte NC. So kann das NC-Programm alle zulässigen Bearbeitungszyklen aufrufen, die nicht mehr, wie bei bisherigen Lösungen, in der Steuerungshardware realisiert sein müssen. Der Rechner erkennt vielmehr vor der Steuerdatenausgabe den Zyklenaufruf und fügt die für den Bearbeitungsablauf notwendigen Zwischensätze ein. Diese Hardwarevereinfachung führt zu einer höheren Rechnerbelastung. Der geringe Auslastungsgrad des Rechners durch die Steuerdatenverteilung erlaubt aber die Übernahme dieser Funktionen auf Rechnerprogramme (s. Kap. 5).
Die beschriebene Form der Aufgabenverteilung bietet für die NC-Programmierung eine Reihe von Vorteilen. Das NC-Programm kann alle zulässigen Zyklen aufrufen, unabhängig davon, ob sie in der Hardware realisiert sind oder ob der DNC-Rechner zusätzliche Steuersätze einfügt. Der Programmierer muß daher

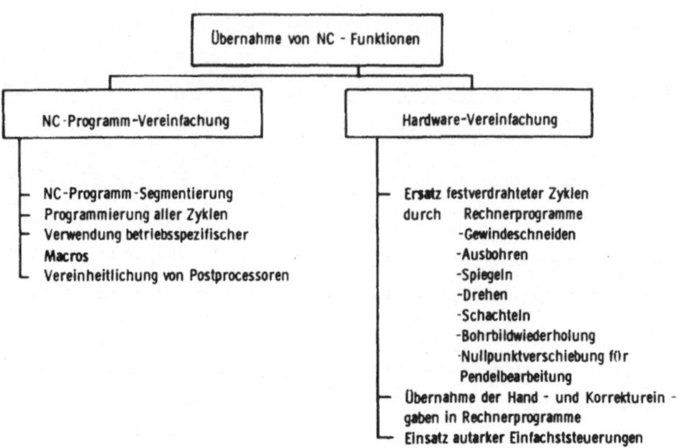

Bild 3.16: Übernahme von NC-Funktionen

die Besonderheiten der Steuerung nicht mehr im gleichen Maße wie früher berücksichtigen, eine Tatsache, die mit zu einer schnelleren und wirtschaftlicheren Programmerstellung beiträgt. Nach Angaben von [31] sind die so aufbereiteten Programme für geeignete Beispiele um (60...80) % kürzer.
Eine weitere Vereinfachung der NC-Programme bietet der Aufruf betriebsspezifischer Unterprogramme (Macros) [33] im DNC-Rechner. Sie generieren mit den eingegebenen Daten mehrere Steuersätze z. B. für Einstiche oder Fasen bei Drehteilen. Auch Handeingabefunktionen und Umcodieraufgaben lassen sich auf den Rechner verlagern. Eingabestationen an der NC, die für die Betriebsdatenerfassung mit nutzbar sind oder bei Bedarf anschließbare Teletypes, übergeben die angewählten Funktionen und zugehörigen Eingabedaten dem Rechner, der mit diesen Werten das NC-Programm modifiziert.
Die Integration des Rechners in das Steuerungssystem erlaubt in dieser Anwendungsform den Einsatz von optimal angepaßten und preisgünstigen Einfachststeuerungen ("low-cost"-Steuerungen [1]), die nur den für das autarke Arbeiten notwendigen

Funktionsvorrat besitzen. Ihr konsequenter Aufbau führt zu einer Vereinheitlichung und Vereinfachung der NC-Hardware und steigert darüber hinaus ihre Betriebssicherheit bzw. Verfügbarkeit.

3.4.5 Beurteilung des DNC-Einsatzes für flexible Fertigungssysteme

Neben den beschriebenen Aufgabenbereichen wurde der Rechner für die NC-Programmierung [28], die aktuelle Betriebsdatenerfassung und -verarbeitung mit dem Ziel einer optimalen Fertigungssteuerung [28] sowie im Bereich der Adaptive Control (AC) [3] schon erfolgreich eingesetzt.
Entsprechend der hauptsächlichen Zielsetzung der Arbeit, welche die Möglichkeiten der Funktion "Datenverteilung" des DNC-Systems in den Mittelpunkt der Betrachtungen stellt, werden diese Zusatzbereiche hier nicht weiter ausgeführt.
Nach der Darstellung einiger für die Automatisierung des technischen Informationsflusses in flexiblen Fertigungssystemen wesentlichen Steuerungsfunktionen erscheint rückblickend eine kritische Betrachtung des aktuellen DNC-Einsatzes angebracht.
Während bisher der DNC-Einsatz häufig allein mit der Nutzungssteigerung der angesteuerten Fertigungseinrichtung begründet wurde, ist er bei flexiblen Fertigungssystemen eine notwendige Voraussetzung für die Funktionstüchtigkeit der Anlage.
Bemühungen, die Funktion "Datenverteilung" mit Hilfe einfacherer Systeme zu lösen, die z. B. mit einem zentralen Lochstreifenleser in mehrere NC-Datenspeicher die Steuerinformation einlesen, erlauben nur bedingt die freizügige Nutzung aller Vorteile des Fertigungssystems. Mit ihnen lassen sich Programmodifikationen oder Überwachungen nicht lösen. Sie erschweren zudem den nachträglichen Ein- und Umbau von Steuerungsfunktionen, während der DNC-Einsatz diese Erweiterungen ohne Einschränkungen erlaubt.
Auf dem Gebiet der Softwareentwicklung für DNC-Systeme schließlich müssen einige Bemühungen Beachtung finden, die darauf zielen, für verschiedene DNC-Anwendungen mit Hilfe einer Programmbibliothek ein DNC-Programmpaket zu erzeugen

[34]. Viele der bisher beschriebenen DNC-Funktionen sind aber anwendungs- bzw. betriebsspezifisch. Optimal angepaßte DNC-Programme lassen sich deshalb hier nur durch umfangreiche Anpassungen aus einem allgemeinen DNC-Programmpaket generieren.

Für die Auslegung der rechnergeführten Steuerungssysteme ist bei der Vielzahl der zu realisierenden Funktionen die Kenntnis der zeitlichen Auslastung einzelner Systemkomponenten von besonderer Bedeutung. Erst mit diesen Daten sind Aussagen über Art und Umfang zusätzlich in das System zu integrierender Funktionen möglich. Die folgenden Kapitel versuchen, für die anstehenden Problemkreise verschiedene Untersuchungsmethoden aufzubereiten und mit Hilfe der Rechnersimulation Dimensionierungshinweise für DNC-Systeme zu erarbeiten.

4. Untersuchungsmethoden für das Zeitverhalten rechnergeführter Steuerungssysteme

4.1 Einfluß des Zeitverhaltens

Jeder der an das DNC-System gekoppelten NC-Steuerung müssen die aktuellen Steuerdaten zeitgerecht zur Verfügung stehen. Die angeforderten Informationen stellt der Prozeßrechner jedoch nicht verzögerungsfrei bereit, da u. U. mehrere Steuerungen simultan Anforderungen abgeben, die der Rechner nur sequentiell bedienen kann.
Vor der Zentraleinheit oder dem Externspeicher bauen sich Warteschlangen auf, deren Abarbeitung die Reaktion auf eine Datenanforderung entscheidend beeinflußt.
Dieses Zeitverhalten ist charakteristisch für alle DNC-Entwürfe, bei denen ein Prozeßrechner mehrere Steuerungen mit Daten versorgt (single-server-Systeme [35]).
Für den Entwurf neuer DNC-Konzepte ist die Kenntnis des Zeitverhaltens von Bedeutung, da es die Zahl der anschließbaren Maschinen, die Auswahl des Rechners und die Realisierungsmöglichkeiten weiterer Steuerungsfunktionen, die die zeitliche Auslastung der Systemkomponenten erhöhen, bestimmt.
Viele der beschriebenen Steuerungsfunktionen sind nicht zeitkritisch. Die zugehörigen Programmteile lassen sich, um die Zentralspeichergröße klein zu halten, auf den Externspeicher auslagern und bei Bedarf in einen Laufbereich des Zentralspeichers laden. Die Auslegung muß diese Hintergrundarbeiten aber berücksichtigen, wenn Einschränkungen für das Datenverteilsystem nicht in Kauf genommen werden dürfen. Entsprechende Daten über das Zeitverhalten geplanter Systeme bzw. seiner Komponenten sollten deshalb schon vor der endgültigen Auslegung bekannt sein.
Die Auswahl eines preisgünstigen und leistungsfähigen Konzepts bzw. die Erkennung von Schwachstellen realisierter Anlagen ist Ziel der Systemanalyse. Im Idealfall lassen sich die Systeme anhand experimenteller Untersuchungen an ausgeführten Anlagen vergleichen. In der Praxis sind die zu untersuchenden Anlagen aber meist nicht zugänglich bzw. erlauben

die vorgegebenen Verhältnisse keine Rückschlüsse auf die aktuelle Problemstellung.
Sowohl für den Systementwurf als auch für die Systemanalyse müssen deshalb geeignete Methoden für die Untersuchung des Zeitverhaltens zur Verfügung gestellt werden, die diese Nachteile nicht aufweisen.

4.2 Untersuchungsmethoden

Die das Zeitverhalten der DNC-Systeme charakterisierenden Größen können aus experimentellen Untersuchungen realisierter Anlagen oder aus Untersuchungen dynamischer Systemmodelle ermittelt werden.
Bild 4.1 zeigt eine Systematik bekannter Verfahren.

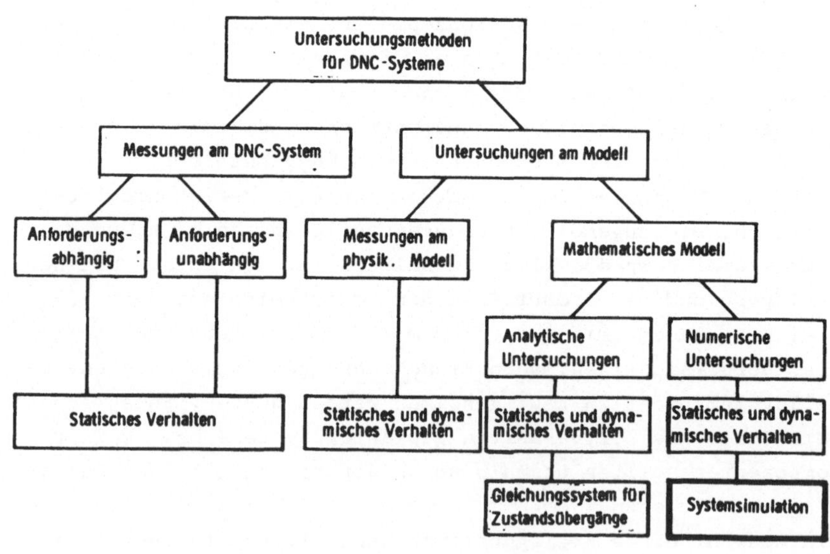

Bild 4.1: Untersuchungsmethoden für DNC-Systeme

4.2.1 Meßverfahren

Die Systematik unterscheidet anforderungsunabhängige und anforderungsabhängige Meßverfahren (Bild 4.2).

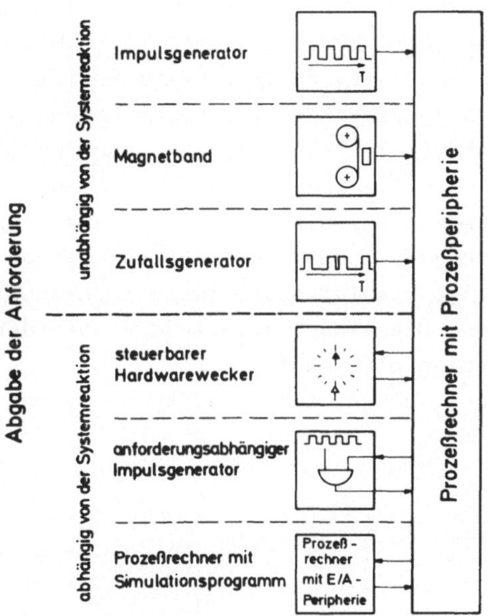

Bild 4.2: Meßverfahren [36]

Während bei den anforderungsunabhängigen Verfahren die Datenanforderung unabhängig von der Systemreaktion abgegeben wird - Datenquellen sind freilaufende Impuls- oder Zufallsgeneratoren und Magnetbänder [36] -, berücksichtigen die anforderungsabhängigen Verfahren die Reaktion des Datenverteilrechners.

Bei Verwendung eines Hardwareweckers stößt der Prozeßrechner eine externe Zeitstufe an, die sich nach der eingestellten Zeit, die beispielsweise die Satzdauer charakterisiert, über einen Alarm am Rechner zurückmeldet.

Von Nachteil ist, daß der Prozeßrechner neben der Datenverteilsoftware auch Simulationsprogramme und eine umfangreiche Prozeßperipherie besitzen muß. Die beiden im folgenden beschriebenen Verfahren umgehen diese Einschränkung. Der in [36] vorgeschlagene Aufbau bildet das Verhalten der NC-Steuerungen in einem zweiten Rechner nach, der mit dem Datenverteilrechner über die Prozeßperipherie gekoppelt ist. Mit diesem Hilfsmittel läßt sich das Zeitverhalten weiterer Teile des Fertigungssystems (Transportsystem, Lager) untersuchen. Die vorliegende Konfiguration eignet sich aber nur für die Analyse vorgegebener DNC-Systeme. Der Entwurf neuer Konzepte darf die so ermittelten Ergebnisse nicht ohne Einschränkung übernehmen. Für jeden Anwendungsfall muß zudem für den gekoppelten Rechner eine aufwendige Simulationssoftware in Assemblersprache entwickelt werden. Diese Nachteile weisen anforderungsabhängige Impulsgeneratoren nicht auf.
Bild 4.3 zeigt den Aufbau, Bild 4.4 das Zeitverhalten der Schaltung.

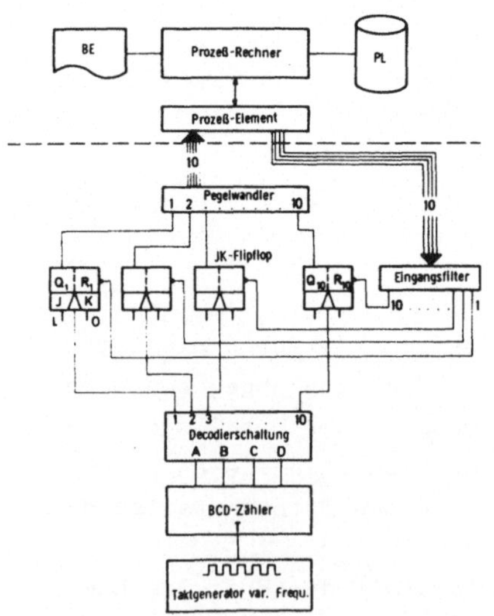

Bild 4.3: Aufbau

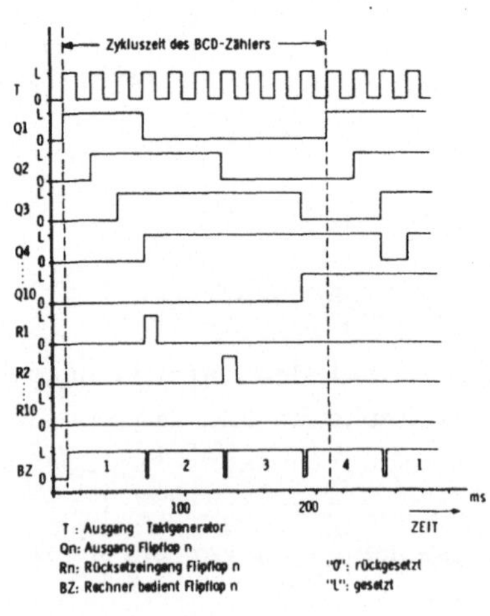

Bild 4.4: Zeitverhalten

Der realisierte Meßaufbau tritt an die Stelle der NC-Steuerungen am Rechnereingang. Er gibt nur dann eine Anforderung an den Rechner ab, wenn das Datenverteilsystem die vorhergehende Anforderung bedient hat.
Schaltungstechnisch realisiert dieses Verhalten ein freilaufender Taktgenerator, der ein Flipflop setzt, das dabei ein Datenanforderungssignal an den Rechner abgibt. Erst wenn der Rechner diese Anforderung bearbeitet hat - das Flipflop wird zurückgesetzt -, kann eine neue Datenanforderung mit dem nächsten Setzimpuls erfolgen; abhängig von der einstellbaren Frequenz des Taktgenerators lassen sich verschiedene Anforderungsraten vorgeben. Im Rechner ist das ausgetestete DNC-Programm geladen, das auf eine Datenanforderung mit einer Steuerdatenausgabe reagiert. Zusätzliche Softwareentwicklungen sind nicht notwendig.
Für zehn so nachgebildete Steuerungen zeigt Bild 4.5 die mit diesem Meßaufbau an einem eingesetzten DNC-System ermittelten Werte. Aufgetragen ist die für die jeweilige NC-Priorität in dem Beobachtungszeitraum abgearbeitete Rufzahl über der Maschinennummer; Parameter der Kurven ist die Anforderungsrate des Taktgenerators.
Das DNC-System bearbeitet im Beobachtungszeitraum nur eine begrenzte Rufzahl, die unabhängig ist von der vorgegebenen Anforderungsrate. Im Bild zeigt sich dies in der Tatsache, daß die Flächen unter den Kurven hoher Anforderungen (T = 5,1 ms und T = 11,2 ms) nahezu konstant sind.
Der dargestellte Meßaufbau erlaubt auch den Vergleich verschiedener DNC-Systeme, da er ohne Abänderung der DNC-Software mit dem zu untersuchenden System gekoppelt werden kann. Als Kenngröße für den Vergleich läßt sich die Zahl der in einem festgelegten Beobachtungszeitraum abgearbeiteten Rufe heranziehen.
Ziel der bisher beschriebenen Untersuchungsverfahren ist die optimale Auslegung gegebener Steuerungsstrukturen bezüglich Zentralspeicherbedarf und Reaktionszeit. Für die Entwicklung neuer Steuerungskonzepte eignen sie sich nicht. Hier bietet die Untersuchung von Systemnachbildungen (Systemmodellen)

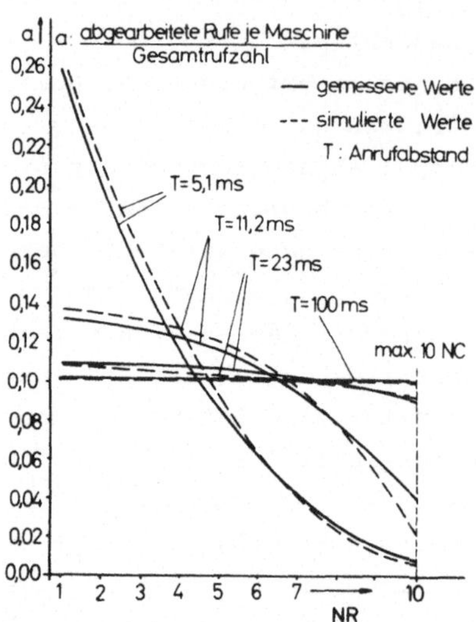

Bild 4.5: Ergebnisse von Messung und Simulation

vorteilhaftere Möglichkeiten.

4.2.2 Untersuchungen am Modell

Die Vorteile, die von dem Hilfsmittel "Modelluntersuchung" für den Bereich der Steuerungsentwicklung zu erwarten sind, liegen vor allem in einer verkürzten Entwicklungsphase neuer Konzepte und in der Möglichkeit, das Zeitverhalten verschiedener Entwürfe vorab zu vergleichen. Es ist so möglich, ohne Ausarbeitung der zeit- und kostenaufwendigen Hardwarephase, direkt das Verhalten konzipierter Systeme zu erkennen. Dieser Aspekt liefert die wirtschaftliche Rechtfertigung für den Einsatz der Methode.

Das Verfahren ist auch unter dem Begriff "Systemsimulation" bekannt, nach [37] definiert als:

"Methode zur Lösung von Problemen, bei der man die Änderung

eines dynamischen Systemmodells über der Zeit verfolgt."
Diese Definition ist allgemein genug, um die Benutzung von physikalischen Modellen zu gestatten, bei denen man die Werte der Systemvariablen aus Messungen an physikalischen Analogiemodellen gewinnt. Ein bekanntes Beispiel hierfür ist der Analogrechner, der für die Simulation stetiger Systeme häufig zum Einsatz kommt.
Für die vorliegende Anwendung sind physikalische Modellbildungen nicht anwendbar, so daß auf ihre weitere Darstellung verzichtet werden kann.
Die vorgegebene Problemstellung kennzeichnet, daß die Systemzustände sich nicht stetig, sondern nur zu <u>diskreten</u> Zeitpunkten ändern. Derartige Vorgänge können vorteilhafter an mathematischen Modellen untersucht und mit analytischen oder numerischen Verfahren weiter behandelt werden.

4.2.2.1 Analytische Verfahren

Die Entwicklung eines Modells für eine analytische Lösung muß die durch das Verfahren gegebenen Einschränkungen berücksichtigen und möglichst einfache Modellstrukturen zugrunde legen. Diese Forderungen lassen sich häufig nur durch starke Näherungen erfüllen.
Das einfachste Modell [38] abstrahiert das DNC-System so weit, daß es das Zeitverhalten des Systems allein von der Nachladeorganisation des Externspeichers abhängig macht.
Ausgangspunkt der Überlegung ist die Annahme, daß sich alle angeschlossenen Steuerungen mit dem kürzesten Anrufabstand am Rechner melden und innerhalb dieses Zeitraums mit Steuerdaten versorgt werden müssen.
Aus dieser Näherung folgt der Ansatz:

$$K_{min} \cdot \mu_{Tmin} \geqq N_0 \cdot \mu_{Smax} \tag{4.1}$$

mit N_0 : maximale Anzahl der anschließbaren Maschinen
K_{min} : minimale Zahl der Steuersätze im Zentralspeicher des Rechners je NC

μ_{Tmin} : minimale NC-Satzdauer, minimaler Anrufabstand
μ_{Smax}: maximale Zugriffszeit des Externspeichers

Diese WORST-CASE-Betrachtung führt aber offensichtlich zu mehrfach überdimensionierten Systemen. Vereinzelt wurde deshalb der Ansatz so modifiziert, daß Gleichung 4.1 anstelle der WORST-CASE-Werte die Mittelwerte der entsprechenden Verteilungen einsetzt.
Wie die folgenden Ausführungen zeigen, lassen sich die meisten der bekanntgewordenen analytischen Ansätze [3, 10, 11, 12] auf eine WORST-CASE-Betrachtung mit Mittelwerten zurückführen. Die Arbeiten kennzeichnen das Zeitverhalten ebenfalls nur durch die Nachladeorganisation des DNC-Systems (Bild 4.6). Anstelle des WORST-CASE-Ansatzes nehmen sie aber sowohl für die Anforderungsverhalten der numerischen Steuerung als auch für das Bedienverhalten des Externspeichers negativ-exponentielle Zeitverteilungen an, wobei eine Bedieneinheit "Rechner" die Anforderungen abfertigt (M/M/1-Systeme [35]).

RE : Rechnersystem mit Externspeicher und Wechselpuffer
NC : Numerische Steuerung
λ_B : neg.-exponentielle Bedienungsrate des Rechners
λ_{NC} : negativ-exponentielle Anrufrate der NC
N : Anzahl der angeschlossenen NC Steuerungen

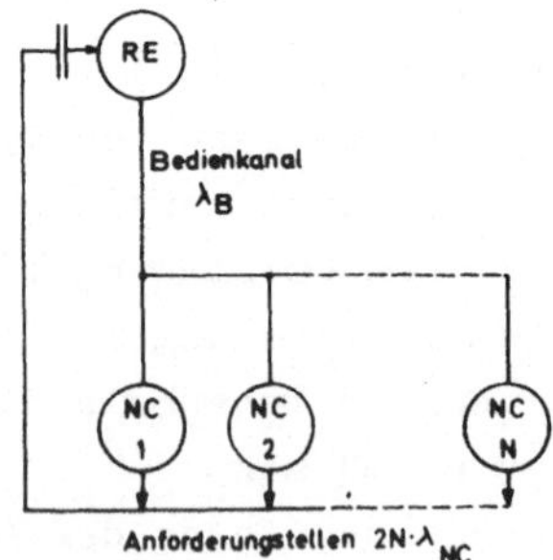

Bild 4.6: Modell für analytische Berechnungen

Mit diesen Vereinfachungen ergeben sich im stationären Zustand, bei Verwendung von zwei gleich großen Wechselpuffern für jede Maschine, die in [39] abgeleiteten Zusammenhänge:

$$K = \frac{1}{Ü} \cdot \frac{\mu_S}{\mu_T} \tag{4.2}$$

Für das Übertragungsverhältnis Ü läßt sich aus [39] mit hinreichender Genauigkeit für $10 \leqq N_o \leqq 50$ der Zusammenhang finden:

$$Ü = \frac{2}{N_W} \tag{4.3}$$

Die Größe N_W stellt die Zahl der Wechselpuffer im System dar, die über

$$N_W = 2 \cdot N_0 \tag{4.4}$$

mit der Zahl N_o der maximal anschließbaren Maschinen korrespondiert. Daraus folgt für die Größe K_{min} mit Gleichung 4.2:

$$K = N_0 \cdot \frac{\mu_S}{\mu_T} \tag{4.5}$$

oder

$$K \cdot \mu_T = N_0 \cdot \mu_S \tag{4.6}$$

Diese Beziehung ergibt sich als Sonderfall von Gleichung 4.1 bei Verwendung der entsprechenden Mittelwerte.

4.2.2.2 Numerische Verfahren

Der Vergleich einer realen (Bild 2.6) mit der für die analytische Berechnung angenommenen Struktur zeigt die starken Vereinfachungen, die der analytische Ansatz in Kauf nimmt. Numerische Verfahren erfordern keine so weitgehende Abstrahierung der Systemmodelle. Mit Hilfe von speziellen Simulationssprachen, die in den meisten Rechenzentren zur Verfügung stehen, lassen sich die Modelle freizügiger aufbauen. Der Aufbau verschiedener Programmsegmente erlaubt eine einfache Beschreibung der Problemstellung, ohne schon während der Modellbildung die vielfältigen Vermaschungen der DNC-Strukturen zu berücksichtigen.
Diese Methode findet für die gegebene Aufgabenstellung in der weiteren Arbeit Anwendung. Zur Vereinfachung sei deshalb im folgenden unter dem Begriff "Simulation" immer die Untermenge "numerische Simulation diskreter, dynamischer Systemmodelle auf Großrechnern" verstanden.

4.3 Die Systemsimulation

Die Nachbildung eines Systems durch ein ihm hinsichtlich seiner wesentlichen Eigenschaften äquivalentes Rechnerprogramm [37, 40] ist Ausgangspunkt der Systemsimulation. Das Verhalten des realen Systems und der Nachbildung stimmt in einem durch die jeweils vorgegebene Fragestellung bestimmten Bereich überein, es kann aber außerhalb dieser Grenzen beliebig große Abweichungen zeigen. Es ist deshalb wesentlich, vor Simulationsbeginn die Modelleigenschaften festzulegen, um Rückschlüsse auf das ursprüngliche System zu ermöglichen.
Während viele Bereiche der Technik die Methode "Simulation" schon mit Erfolg einsetzen - [41] gibt über 900 Hinweise auf verschiedene Anwendungen -, finden sich im Bereich "Steuerungsentwicklung" noch kaum Ansatzpunkte [42].

4.3.1 Verfügbare Simulationssprache

Verschiedene Simulationsaufgaben zeigen eine Reihe von Gemeinsamkeiten, die sich mit gleichen Lösungsansätzen erfüllen lassen. Diese Tatsache führte zur Entwicklung spezieller, problemorientierter Programmiersprachen, im allgemeinen als "Simulationssprachen" bezeichnet. Die meisten dieser Sprachen sind in der Lage, folgende Unterprogramme aufzurufen [37, 43]:

- Festlegung des Anfangszustands der Modelle
- Verwaltung eines internen Kalenders, der die zeitlichen Abläufe koordiniert
- Aufruf und Löschen interner Ereignisse
- Verändern des Systemzustands durch Ein- und Austragungen in Warteschlangen
- logische Entscheidungen
- Aufruf externer Ereignisse
- Berechnung statistischer Größen
- Ausgabe von Protokollen

Neben einer Reihe einfacher Programmiersprachen (Bild 4.7) sind für die Simulation zeitdiskreter Systeme die Sprachen GPSS (General Purpose System Simulation, IBM) und SIMSCRIPT (Simulation Scripture, RAND-Corporation) anwendbar.

Simulationssprache	Entwickelt von	Programmiersprache
AS (Algol Simulating Language)	Brunel University England	Algol
CSL (Control and Simulation Language)	ESSO-Petroleum England	Fortran
GPSS (General Purpose Simulation System)	IBM	— — —
SIMSCRIPT (Simulation Scripture)	RAND Corporation	Fortran
SIMULA (Simulation Language)	Norwegian Computing Centre	Algol
GASP (General Activity Simulation Programm)	United Steel Corporation	Fortran

Bild 4.7: Verfügbare Simulationssprachen

Voraussetzung für ihren Einsatz ist die Verfügbarkeit größerer Rechenanlagen; der minimale Zentralspeicherbedarf von SIMSCRIPT liegt z. B. bei $50\,000_8$ Zentralspeicherzellen. Eine ausführliche Beschreibung der verschiedenen Sprachen und ihrer Eigenschaften findet sich in [37, 44].

4.3.2 Anwendungsbeispiel

Das Beispiel des einfachen Untersystems "Numerische Steuerung" soll die Anwendung der Simulationstechnik erläutern.
Bild 4.8 zeigt das Zeitverhalten einer numerischen Steuerung mit Vorspeicher, mit den für die zeitliche Nachbildung wesentlichen Eigenschaften.
Im Normalfall ist sowohl der Vorspeicher als auch der Hauptspeicher der NC gefüllt. Die NC arbeitet den Hauptspeicher ab. Am Ende des Bearbeitungssatzes transferiert die NC die Vorspeicherinformation in den Hauptspeicher und fordert gleichzeitig einen neuen Steuerdatensatz über einen Alarm am Rechner an.

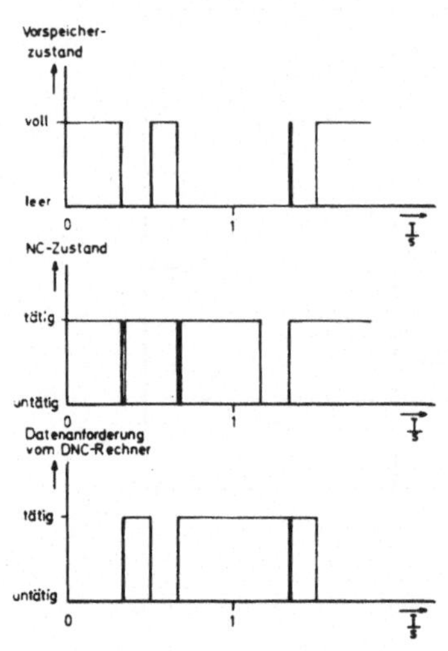

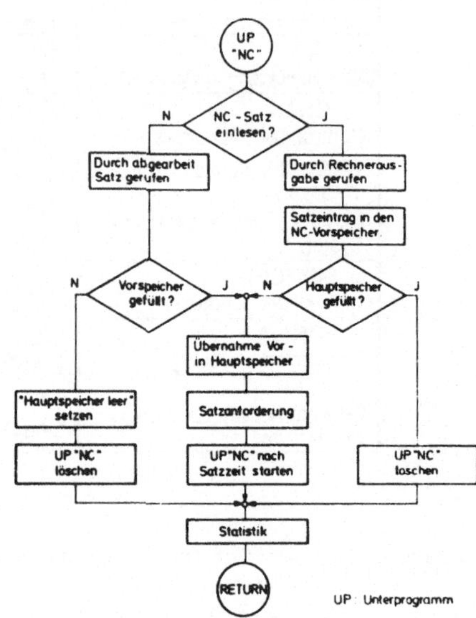

Bild 4.8: Zeitverhalten der NC

Bild 4.9: Flußdiagramm

Lädt der Rechner vor Ablauf der Bearbeitungsdauer des neuen Hauptspeichersatzes den Vorspeicher nach, wiederholt sich dieser Zyklus solange, bis der Hauptspeicher leer wird, ehe der Vorspeicher nachgefüllt werden konnte. Die numerische Steuerung unterbricht in diesem Fall die Sollwertvorgabe an die Lagerelkreise und wartet eine vollständige Übertragung des nächsten Satzes durch den Rechner ab.
Steht diese Information bereit, überschreibt die NC diese sofort vom Vor- in den Hauptspeicher, beginnt die Abarbeitung des Hauptspeichers und fordert für den Vorspeicher neue Information an.
Dieses bekannte Zeitverhalten setzt Bild 4.9 in ein Flußdia-

gramm um, aus dem sich das Simulationsprogramm (Bild 4.10) ohne Aufwand ableitet.

```
         ENDOGENOUS EVENT NC
C        NACHBILDUNG DER NC MIT VORSPEICHER
C        NR(NC) ENTHAELT DIE NUMMER DER RUFENDEN NC
C        A(NC) MARKIERUNG OB RUF VON NC (1.0) ODER RECHNER (0.0)
C        HS UND VS SIND MERKZELLEN FUER DEN NC-SPEICHERZUSTAND
         IF A(NC) EQUAL 1.0, GO TO 3
C        AUFRUF DURCH RECHNER; ABFRAGE OB HAUPTSPEICHER LEER
         IF HS(NR(NC)) EQUAL C.C, GO TO 4
C        UEBERNAHME VOR- IN DEN HAUPTSPEICHER
         LET HS(NR(NC)) • 0.0
    1    LET VS(NR(NC)) • 1.C
C        ALARM ABGEBEN
         CREATE ALARM
         LET PRIOR(ALARM) • NR(NC)
         CAUSE ALARM AT TIME + LAUFZ
C        UNTERPROGRAMM NC AUFRUFEN NACH SATZDAUER
C        MERKZELLE A(NC) LADEN
         LET A(NC) • 1.0
         CAUSE NC AT TIME + SZEIT
C        SZEIT ENTHAELT DIE VERTEILUNG DER NC-SATZDAUER
C        STATISTIKPROGRAMM AUFRUFEN
    2    CALL STATI
         RETURN
C        AUFRUF DURCH NC; ABFRAGE DES VORSPEICHERS
    3    IF VS(NR(NC)) EQUAL 0.0, GO TO 1
C        VORSPEICHER NOCH NICHT AUFGEFUELLT
         LET HS(NR(NC)) • 1.C
         DESTROY NC
         GO TO 2
C        HAUPTSPEICHER WAR VOLL; AUFRUF DURCH RECHNER
    4    LET VS(NR(NC)) • 0.0
         DESTROY NC
         GO TO 2
         END
```

Bild 4.10: Simulationsprogramm der numerischen Steuerung

Das in SIMSCRIPT aufgebaute Unterprogramm bildet das verbal beschriebene NC-Verhalten exakt nach. Es kontrolliert den Speicherzustand der NC mit zwei einfach indizierten Variablen VS (NR) und HS (NR), die in dem Definitionsteil des Simulationsmodells global vereinbart sind. Enthält der Vorspeicher die nachfolgende Information, ruft sich das Unterprogramm nach Ablauf der durch eine Verteilungsfunktion vorgegebenen Satzdauer wieder auf.
Für jedes Element der Systemstruktur werden derartige Unterprogramme formuliert, die das Zeitverhalten mit Hilfe logischer Entscheidungen nachbilden. Die verschiedenen Unterpro-

gramme tragen in einen zentral verwalteten Softwarekalender die von ihnen aufgerufenen Ereignisse - z. B. den Zeitpunkt, zu dem ein NC-Satz abgearbeitet ist - ein. Das Organisationsprogramm der Simulationssprache bearbeitet das aktuelle Ereignis und springt - bei ereignisorientierten Sprachen - selbsttätig zum nächsten im Kalender folgenden Ereigniszeitpunkt.
Durch die Möglichkeit des Eintrags externer Ereignisse in den Kalender sind Abfragen des Systemzustands von außen zu jedem beliebig vorgebbaren Zeitpunkt möglich.
Die beschriebene Technik erlaubt eine einfache und überschaubare Darstellung des Zeitverhaltens jeder einzelnen Systemkomponente. Ihre Vermaschungen untereinander werden in übersichtliche Zusammenhänge aufgelöst, so daß sich auch stark vermaschte Strukturen ohne Aufwand nachbilden lassen.

4.3.3 Modellbildung

Die Abbildung des zu untersuchenden DNC-Systems durch ein geeignetes Modell ist einer der wesentlichsten Schritte der Simulation.
Bild 4.11 zeigt ein Modell, das der in Bild 2.6 dargestellten DNC-Struktur entspricht. Bedienungseinheiten, die jeweils über Warteschlangen erreichbar sind [40], charakterisieren das Verhalten der numerischen Steuerung, des Rechners, sowie des Externspeichers und Prozeßelementes.
Die numerische Steuerung ist durch eine Bedieneinheit beschreibbar, die eine Warteschlange mit zwei Speicherplätzen (Vor- bzw. Hauptspeicher) besitzt. Das diesem Baustein zugehörige Programm ist in Abschnitt 4.3.2 entwickelt worden.
Der Alarm trägt die Steuerdatenanforderung, verzögert um die Signallaufzeit, in die Warteschlange vor dem Rechner (REQU) ein. Zum frühestmöglichen Zeitpunkt übernimmt der Rechner die Anforderung. Melden sich mehrere Maschinen gleichzeitig, erfolgt die Abarbeitung in der vorgeschriebenen Abfertigungsdisziplin.
Für den Fall, daß für die anfordernde Steuerung Daten im Zentralspeicher zur Verfügung stehen, übergibt der Rechner die

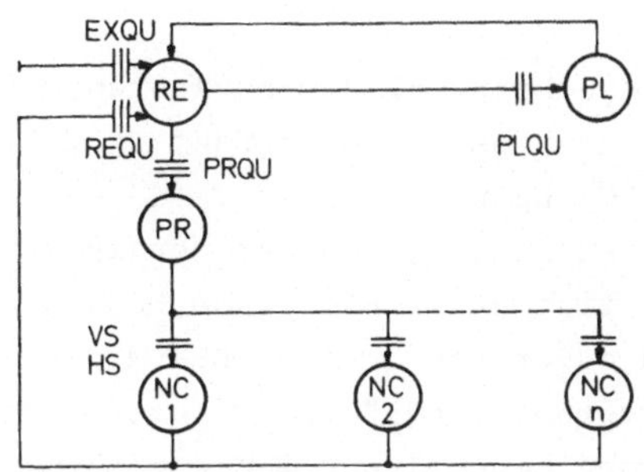

RE : Datenverteilrechner
PL : Externspeicher oder peripherer Speicher
PR : Prozeßelement oder Koppelelement
NC : Numerische Steuerung
REQU : } Warteschlangen vor dem
EXQU : } Prozeßrechner
PRQU : Warteschlange vor Prozeßelement
PLQU : Warteschlange vor Externspeicher
VS : Vorspeicher der NC
HS : Hauptspeicher der NC

Bild 4.11: Modell eines DNC-BTR-Systems

aktuelle Information an die Warteschlange (PRQU) des Prozeßelements (PR), das die Daten über die Verbindung Prozeßelement - NC mit der vorgeschriebenen Übertragungsfrequenz an die anfordernde Steuerung verteilt.

Die Nachbildung des Prozeßrechners enthält eine Logik, die entscheidet, ob Information vom peripheren Speicher (PL) in eine Hälfte des Wechselpuffers im Zentralspeicher nachgeladen werden muß. Ist eine Wechselpufferhälfte abgearbeitet, reiht der Rechner eine Datenanforderung in die Warteschlange vor dem peripheren Speicher ein und beauftragt ihn mit der Nachfüllung der Wechselpuffer im Rechner. Das Ende des Nachladevorgangs meldet sich über eine interne Notierung im Simulationskalender. Mit dieser Rückmeldung prüft die Rechnerlogik, ob die zweite Wechselpufferhälfte schon ausgelesen ist und

bereits wieder auf Daten wartet.
Externe Anforderungen, die z. B. die Hintergrundarbeiten des Rechners nachbilden, melden sich über eine externe Warteschlange EXQU.
Das Modell bildet die Mehrzahl der bekannten DNC-Systeme im BTR-Modus nach, insbesondere aber erfaßt es die in [3, 10, 11, 12] beschriebenen Lösungen.
Anstelle einer Bedieneinheit, von der der analytische Ansatz ausgeht, berücksichtigt das vorliegende Modell ohne großen Programmieraufwand außer den drei unabhängigen Bedieneinheiten "Rechner", "Externspeicher" und "Prozeßelement" auch noch für jede NC-Steuerung eine eigene Bedieneinheit. Gleichungssysteme für derart vermaschte Strukturen sind mit bekannten analytischen Hilfsmitteln nicht mehr geschlossen lösbar.
Für die Nachbildung des im vorliegenden Fertigungssystem eingesetzten DNC-Systems wurde das Modell so erweitert, daß es auch das Vorzugszylinderverhalten erfaßt (Bild 4.12).

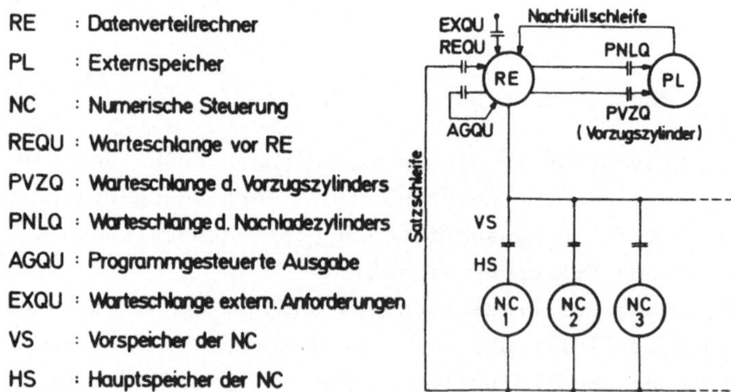

Bild 4.12: Modell eines DNC-Systems mit Vorzugszylinder

Das Zeitverhalten des Systems beschreibt Nann [10]. Nach diesen Angaben enthält das Modell zusätzlich eine Warteschlange (PNLQ) vor der Platte, in der das Rechnermodell einen Ruf

dann einträgt, wenn für die zugehörige Steuerung keine Information mehr auf dem Vorzugszylinder vorhanden ist. Der Externspeicher arbeitet diese Rufe erst ab, wenn die Vorzugszylinder-Warteschlange leer ist.
Der Zentralspeicher speichert keine Sätze, der Externspeicher lädt vielmehr auf Anforderung zentrale Ausgabebereiche mit aktuellen NC-Steuerdaten, die der Rechner programmgesteuert an die einzelnen Steuerungen weitergibt.
Sowohl der Anforderungsprozeß als auch der Nachladevorgang unterbricht die Datenausgabe. Diese Systemeigenschaft macht eine zusätzliche Warteschlange für die programmgesteuerte Ausgabe (AGQU) notwendig.
Neben den bisher beschriebenen Systemen wurde für jede der in Abschnitt 2 entwickelten Steuerungsstrukturen eineigenes Modell aufgebaut und programmiert, so daß für die meisten der bekanntgewordenen Steuerungssysteme Aussagen über ihr Zeitverhalten möglich sind.
Bild 4.13 beispielsweise stellt das Modell eines Reststeuerungssystems dar [40], wie es Abschnitt 2.2.5 beschreibt. Die zusätzlich eingefügte Bedieneinheit "Interpolationsrechner" übernimmt die Datenaufbereitung für mehrere Hardwarereste (RST).
Die Logik bearbeitet die vom Hardwarerest anstehenden Anforderungen nach dem Scannerprinzip, d. h. sie bedient sie erst dann, wenn ein zyklisch umlaufendes Einleseprogramm die anfordernde Hardwarenummer erreicht.
Die Hardwarereste melden sich mit einem konstanten Anrufabstand, der sich aus der Abtastfrequenz des Lageregelkreises errechnet [45]. Das Modell erlaubt aber auch den Datenabruf in einem Vielfachen dieses Anrufabstandes. Damit lassen sich Systeme nachbilden, deren Geometrierest [40] bei Linearinterpolation den vorgegebenen Sollwert nicht mehr mit jedem Abfragetakt, sondern nach einer N-fachen Wiederholung abruft.

Der Interpolationsrechner zerlegt die zwischengespeicherte Information in lineare Verfahrwege und fordert, sobald der Speicher abgearbeitet ist, vom Datenverteilrechner neue Informationen nach. Die Satzschleife in Bild 4.13 entspricht der Nachladeorganisation des DNC-BTR-Systems, in die sich als zusätzliches Element der Interpolationsrechner einfügt.

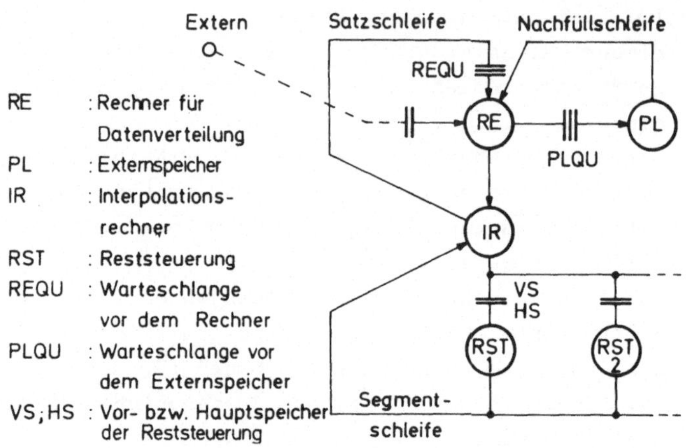

Bild 4.13: Reststeuerungsmodell

Das in Bild 4.14 dargestellte Modell schließlich beschreibt DNC-M-CNC-Systeme. An die Stelle der NC-Steuerungen in den bisherigen Modellen tritt eine Bedieneinheit, die das Verhalten einer M-CNC-Steuerung nachbildet. Als Sonderfall ist in dieser Struktur auch das DNC-CNC-System enthalten.

4.3.4 Eingabedaten

Vor Beginn des Simulationslaufs müssen für das Modell Eingabedaten bereitgestellt werden, die das Zeitverhalten der nachgebildeten Systemkomponenten charakterisieren.
SIMSCRIPT liest diese Daten über ein Initialisierungsformular ein, auf dem die aktuellen Größen der globalen Variablen und der Zufallsgrößen (Anrufabstand, Satzlänge) vereinbart werden können. Den Verlauf der in Abschnitt 3.3 ermittelten Satzlängen- bzw. Satzdauerverteilungen erfassen Tabellen mit Wertepaaren der Verteilungsgrößen.
Für jeden Abruf einer Zufallsgröße stößt das Simulationspro-

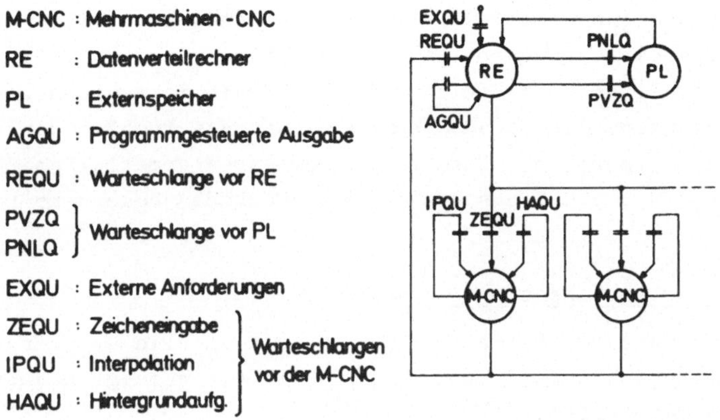
M-CNC : Mehrmaschinen - CNC
RE : Datenverteilrechner
PL : Externspeicher
AGQU : Programmgesteuerte Ausgabe
REQU : Warteschlange vor RE
PVZQ
PNLQ
Warteschlange vor PL
EXQU : Externe Anforderungen
ZEQU : Zeicheneingabe
IPQU : Interpolation
HAQU : Hintergrundaufg.
Warteschlangen vor der M-CNC
EXQU
REQU
PNLQ
RE
PL
PVZQ
AGQU
IPQU
HAQU
ZEQU
M-CNC
M-CNC

Bild 4.14: Modell eines DNC-Systems mit M-CNC-Steuerungen

gramm ein Unterprogramm an, das eine gleichverteilte Zufallszahl zwischen 0,0 und 1,0 für P (< T) erwürfelt und den zugehörigen Ordinatenwert (Satzdauer oder Satzlänge) der eingelesenen Tabelle entnimmt.
Durch Variation der Initialisierungskarten sind, ohne Änderung der Modellogik, verschiedene Anrufprozesse, Maschinenzahlen oder Rechnereigenschaften (Zwischenspeichergrößen) vorgebbar. Jeder Datenblock erfordert allerdings einen eigenen Simulationslauf.

4.4 Beurteilung der Simulationsergebnisse

Art und Güte der Modelle sowie die Genauigkeit der eingegebenen Datensätze des Anrufverhaltens bestimmen weitgehend die Aussagekraft der Ergebnisse. Da weder eine Theorie noch eine einheitliche Methode der Modellbildung existiert, bleibt die Güte der Modelle abhängig von der Erfahrung und Intuition des Anwenders.
Für die Anwendbarkeit der Simulationstechnik ist die erreichbare Genauigkeit des simulierten Systemverhaltens von entscheidender Bedeutung. Der Grad der Übereinstimmung von Modell

und realem System soll daher anhand eines Vergleiches simulierter und experimentell ermittelter Daten beurteilt werden. Durch die Einführung von Zufallsvariablen in das Simulationsmodell erhalten auch die errechneten Ergebnisse einen zufälligen Charakter. Aus diesem Grund gewinnt das Problem der Absicherung der durch das Simulationsverfahren ermittelten Zufallsgrößen mit Hilfe statistischer Methoden besondere Bedeutung.

4.4.1 Vergleich Messung - Simulation

Ausgangspunkt der Betrachtungen ist der in Bild 4.3 dargestellte Meßaufbau, mit dem die in Bild 4.5 gezeigten Kurven aufgenommen wurden.
Wesentlicher Bestandteil des Meßaufbaus ist das reale DNC-System. Bildet man für den Vergleich sowohl das Verhalten des Anrufprozesses als auch die Logik des DNC-Systems in einem Simulationsmodell nach (Bild 4.12), dann ist es möglich, durch Variation der simulierten Taktfrequenz des Anrufprozesses eine der gemessenen Kurvenschar entsprechende Vergleichsschar zu erhalten.
Das Verhalten des vorgeschlagenen Meßaufbaus läßt sich ohne großen Aufwand exakt nachbilden, da alle Kenngrößen dieses Prozesses determiniert sind. Dies hat den Vorteil, daß sich der Fehlereinfluß des Anrufspektrums verringert, so daß Abweichungen im Verlauf allein auf eine fehlerhafte Modellogik zurückgeführt werden können.
Darüber hinaus wurde die für jede NC-Steuerung erforderliche Positionierzeit des Nachladezylinders entsprechend den Meßbedingungen als diskreter Wert vorgegeben.
Mit diesen Voraussetzungen ergibt sich für die Simulation der in Bild 4.5 für verschiedene Anforderungsraten eingezeichnete Verlauf. Die gute Übereinstimmung der beiden Kurvenscharen (Abweichung < 5 %) erlaubt die Aussage, daß

1. die Methode "Simulation" für die Untersuchung des Zeitverhaltens von DNC-Systemen geeignet ist, und
2. die Modelle mit ihren Vereinfachungen das reale Zeitverhalten hinreichend genau nachbilden.

Damit ist der Nachweis für die Anwendbarkeit dieser Methode erbracht.

4.4.2 Statistische Absicherung der Ergebnisse

4.4.2.1 Das Vertrauensintervall

Die meisten Größen, die man bei einem Simulationslauf erhält, sind Realisationen einer Zufallsgröße X. Häufig ist nur der Erwartungswert $\mu = E(X)$ dieser Zufallsgröße von Interesse. Bei unabhängigen Simulationsläufen, die n unabhängige Teiltests realisieren, errechnet sich der Erwartungswert als arithmetisches Mittel aller Werte der Zufallsgröße X der verschiedenen Teiltests nach [26]:

$$\mu = \frac{1}{n} \sum_{v=1}^{n} X_v \qquad (4.7)$$

Analog hierzu berechnet sich die Varianz der simulierten Stichprobenwerte aus der Gleichung:

$$\sigma^2 = \frac{1}{n} \sum_{v=1}^{n} (X_v - \mu)^2 \qquad (4.8)$$

Bei einer größeren Zahl von Beobachtungen ist neben dem mit Hilfe der Simulation berechneten Mittelwert auch der Bereich von Interesse, in dem der wahre, sich bei exakter mathematischer Berechnung ergebende Wert der Meßgröße mit z. B. 95-prozentiger Sicherheit liegt.
Diesen Bereich beschreibt das Vertrauensintervall Δx (vgl. Bild 4.15). Entsprechend dem in [46] angegebenen Verfahren, das die Schwankungen des Anrufangebots mit erfaßt, ergibt sich das Vertrauensintervall aus folgender Formel:

$$\Delta x = s \cdot \frac{t_{n-2}}{\sqrt{n-2}} \qquad (4.9)$$

wobei gilt

n : Anzahl der Teiltests

t_{n-2}: Faktor (n-2) der Studentverteilung für 95 % Sicherheit

Die Größe von s errechnet sich aus der Gleichung:

$$s^2 = s_X^2 - \frac{s_{XA}^2}{s_A^2} \tag{4.10}$$

mit $s_X{}^2$: Varianz der Teiltestfolgen X_ν (Mittelwert der Teiltestfolge μ_X) nach Gleichung 4.8.

$s_A{}^2$: Varianz der Rufzahlen A_ν des Anrufprozesses (Mittelwert der Rufzahlfolge μ_A) nach Gleichung 4.8, wobei A_ν der Zufallsgröße X_ν zugeordnet ist.

Für s_{XA} schließlich findet sich der Zusammenhang:

$$s_{XA} = \frac{1}{n}\sum_{\nu=1}^{n}(X_\nu - \mu_X)(A_\nu - \mu_A) \tag{4.11}$$

Für jede der Zufallsgrößen ermittelt das Simulationsprogramm das zugehörige Vertrauensintervall nach dem dargestellten Verfahren. Diese Größe erlaubt die Abschätzung der Güte der Simulationsläufe.

4.4.2.2 Stichprobenumfang

Bei gegebenem Stichprobenumfang errechnet sich nach Abschnitt 4.4.2.1 ein Vertrauensintervall für den Mittelwert, das die Schätzgenauigkeit beschreibt.
Die Umkehrung dieser Berechnung erlaubt die Ermittlung des für eine geforderte Genauigkeit notwendigen Stichprobenumfangs. Diese Angaben sind vor allem dann von Interesse, wenn vor Durchführung der eigentlichen Simulationsläufe die erforderliche Rechenzeit abgeschätzt werden soll.
In [47] findet sich folgende Formel für den Mindeststichprobenumfang bei der Schätzung des Mittelwerts unabhängiger Teiltests:

$$n = 1{,}96^2 \cdot \left(\frac{\sigma}{e}\right)^2 \tag{4.12}$$

mit σ^2 : Varianz der Mittelwertverteilung der n unabhängigen Teiltests e : maximal zulässige Abweichung vom Mittelwert

n : Mindestzahl der Stichproben bei 95 % Sicherheit.

Nach jedem Simulationslauf ist anhand Gleichung 4.12 zu kontrollieren, ob die Zahl der durchgeführten Stichproben ausreicht. Die Abschätzung σ^2 erfordert eine geringe Zahl von Testläufen, die die Größe der Varianz angenähert zu erfassen erlauben.
Das Vertrauensintervall kann näherungsweise auch mit Hilfe äquidistanter Stichprobenwerte berechnet werden. Hierbei wird davon ausgegangen, daß die zu äquidistanten Zeitpunkten beobachteten Stichprobenwerte voneinander unabhängig sind (Bild 4.15). Die so ermittelten Werte dienen als Datenbasis für den Mittelwert und das Vertrauensintervall. Dieses Verfahren reduziert die Zahl der notwendigen Simulationsläufe. Der Fehlereinfluß des Einschwingvorgangs verkleinert sich, wenn die Berechnung die Stichprobenwerte zu Beginn der Simulation nicht berücksichtigt.

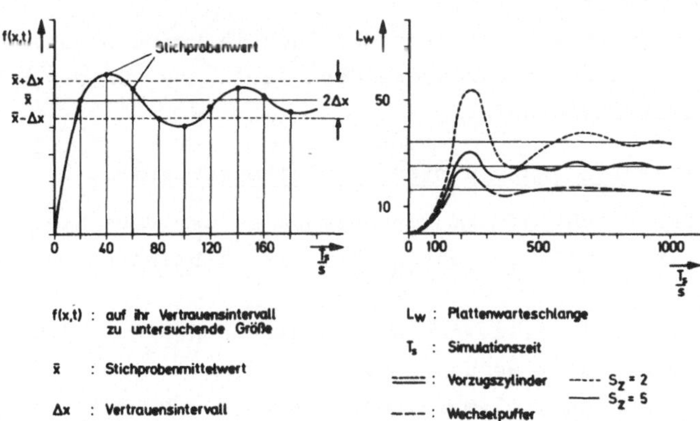

Bild 4.15: Ermittlung des Vertrauensintervalls mit Hilfe äquidistanter Stichprobenwerte

4.4.2.3 Dynamisches Systemverhalten

Die Gleichungen für die Abschätzungen gelten streng nur für Systeme, die sich im stationären Zustand befinden.
Für die Beurteilung der DNC-Systeme ist neben dem stationären aber auch das dynamische Systemverhalten von Interesse.
Wird eine größere Zahl von Steuerungen zum selben Zeitpunkt im DNC-System gestartet, können die Werte für z. B. die Größe der Warteschlange vor dem bedienenden Speicher kurzfristig weit über den sich im stationären Zustand einstellenden Mittelwert hinausschwingen.
Bild 4.15 zeigt dieses Zeitverhalten an Systemen, an die zum gleichen Zeitpunkt 99 Steuerungen mit gleichem Anrufverhalten angekoppelt werden; Parameter der Kurven ist die Wechselpuffergröße und die Zugriffszeit des peripheren Speichers.
DNC-Systeme antworten, ähnlich wie analoge Systeme, auf einen Belastungsstoß mit einem Einschwingvorgang. Sie regeln, je nach Größe des Wechselpuffers und der Speicherkenndaten, die Schwingungen verschieden schnell aus; instabile Systeme sind möglich.
Es wird vorgeschlagen, als Maß für die Stabilität der DNC-Systeme die Größe des Vertrauensintervalls der ersten zehn Stichprobenwerte zu wählen.
Für diese Erscheinung bietet die Theorie keine Lösungsansätze.
Hier findet sich eine weitere Rechtfertigung für den Einsatz der Simulationstechnik.

4.4.3 Kenndaten ausgeführter Simulationsprogramme

Für die ausgeführten Simulationsmodelle der verschiedenen DNC-Strukturen stellt Tabelle 4.1 die wichtigsten Kenndaten zusammen.
Anhand dieser Tabelle lassen sich der Rechenzeit- bzw. Zentralspeicherbedarf abschätzen.
Im Mittel wurden je Simulationslauf 30 000 NC-Rufe für insgesamt 50 Maschinen simuliert. Diese Kennwerte entsprechen einem Beobachtungszeitraum von real 16 Minuten bei einer Rechenzeit von ungefähr 100 Sekunden.

Bezeichnung	Programmlänge Worte	Laufbereich Worte	Rechenzeit s	Zeit je Ruf ms
DNC-VOBER+++	13 000	45 000	60	2.8
DNC-BTR	12 000	40 000	60	2.5
DNC-RST	12 000	57 000	65	1.4+
DNC-CNC	20 000	50 000	80	4.5++

+Scanneraufrufe ++mit Nachbildung der Interpolation
+++DNC-System mit Vorzugszylinder (s. Bild 4.12)

Tabelle 4.1: Kenndaten ausgeführter Simulationsprogramme

Aufgabe der bisherigen Ausführungen war es, Untersuchungsmethoden für das Zeitverhalten von DNC-Systemen vorzustellen. Die anstehenden Probleme sind nur mit der Simulationstechnik lösbar.

Die Grenzen für die Anwendung dieser Technik liegen dabei nicht in der Komplexität der nachzubildenden Modelle, sie sind vielmehr allein durch die Zahl der Simulationsläufe und der notwendigen Zentralspeichergröße des Rechners bestimmt. Bei der Vielzahl möglicher Einflußgrößen tauchen hier Kostengrenzen auf, die die Einsatzmöglichkeit dieser Methode einschränken.

Das nächste Kapitel befaßt sich nun vertieft mit dem aus der Simulation ermittelten Zeitverhalten der DNC-Systeme. Die Eigenschaften des für das flexible Fertigungssystem eingesetzten DNC-Systems (Bild 4.12) stehen dabei im Mittelpunkt der Betrachtungen.

5. Das Zeitverhalten von DNC-Systemen

Das Zeitverhalten der bevorzugt eingesetzten DNC-BTR- bzw. DNC-RST-Systeme beschreiben die folgenden Abschnitte.

Anhand der Simulationsergebnisse ist es möglich, verschiedene Ausführungsformen und Lösungsvorschläge miteinander zu vergleichen. Für die DNC-System-Analyse ist eine zentrale Fragestellung, bei welchen Systemparametern (Satzdauer, anschließbare Maschinen) eine angeschlossene NC-Maschine die Bearbeitung wegen fehlendem Datennachschub unterbricht. Der DNC-Entwurf dagegen stellt das Zeitverhalten des Rechnersystems in den Mittelpunkt der Untersuchungen, da es die Auswahl der Systemkomponenten wie Zentral- und Externspeicher bestimmt.

Die Simulationsergebnisse sind in normierter Form aufgetragen, die Aussagen für einen breiten Anwendungsbereich erlaubt. Die Ausarbeitung unterlegt dabei für alle numerischen Steuerungen ein einheitliches Anrufspektrum. Sonderfälle, die Steuerungsgruppen mit unterschiedlichem Anrufverhalten mit dem Rechner koppeln, lassen sich ebenfalls mit der Simulationstechnik behandeln, die Ergebnisse sind jedoch nicht mehr in allgemeingültiger Form darstellbar. Aus diesem Grund werden diese Untersuchungsreihen hier nicht beschrieben.
Die in Kapitel 4 entwickelten Modelle gliedern sich in die Systemkomponenten: Numerische Steuerung, Datenverteilrechner (mit Externspeicher), Prozeßelement mit Übertragungssystem und, bei Reststeuerungskonzepten, den zusätzlichen Interpolationsrechner. Das Zeitverhalten dieser Bausteine wird für vier Strukturen, die einen Großteil der bekannten DNC-Lösungen abdecken, untersucht. Im einzelnen sind es:

1. DNC-BTR-Systeme mit fremdgesteuerter Ausgabe und Wechselpuffer im Zentralspeicher,
2. DNC-BTR-Systeme mit programmgesteuerter Ausgabe und Wechselpuffer im Zentralspeicher,
3. DNC-BTR-Systeme mit programmgesteuerter Ausgabe und einem Vorzugszylinder auf dem Externspeicher und
4. DNC-RST-Systeme mit einem Interpolationsrechner in Scannerorganisation.

Die Begriffe "peripherer Speicher" und "Externspeicher" werden im folgenden gleichwertig verwendet.
Für die verschiedenen Modelle wurden jeweils über 100 Simulationsläufe durchgerechnet und ihr Ergebnis in der in Bild 5.1 gezeigten Form aufbereitet. Das Vertrauensintervall der angegebenen Werte ist für 95 % Sicherheit errechnet.

```
                               SIMULATION EINER DNC(BTR)-STRUKTUR (SIEMENS 301)
                               ------------------------------------------------
           ALLE ZEITANGABEN SIND BEZOGEN AUF DIE SIMULIERTE ZEIT      ZEITEINHEITEN

ANZAHL DER MASCHINEN  50       1.0 = 1 MIN , 0.01 = 1 SEC , 0.00001 = 1 MSEC
SIMULIERTE ZEIT          10.0
GESAMTRUFZAHL         32409.0
GESAMTANRUFRATE        3240.90  RUFE PRO MIN
                                                           NC-STEUERUNGEN
                                                           - - - - - - - -
GESAMTZAHL DER NC-RUFE                     32409
MITTLERE ANZAHL LEERLAUFENDER MASCHINEN      16.76
NC-NR                          26       27        28        29        30
ANZAHL DER RUFE             938.0    1018.0    1021.0     906.0     843.0
MITTL. VORSP. LEERZEIT        0.009     0.016     0.045     0.089     0.133
MITTL. HAUPTSP. LEERZEIT      0.0       0.008     0.033     0.073     0.118
ANRUFRATE IN RUFEN/MIN       93.80    101.80    102.10     90.60     84.30
MITTL. SATZBEARB.ZT. IN EINH. 0.01066   0.00975   0.00947   0.01024   0.01047
MITTL. WARTEZT. AUF 1 SATZ    0.00009   0.00015   0.00044   0.00098   0.00158

                                                             RECHNER
                                                             - - - -
NC-NR                          26        27        28        29        30
KEINE INFO IM WECHSELPUFFER     2         2         6         6        11
PUFFER-AUFFUELLUNGEN LINKS     30        34        35        31        29
PUFFER-AUFFUELLUNGEN RECHTS    30        32        31        27        24
BEIDE SEITEN LEER               2         2         6         6        10

                                                             PLATTE
                                                             - - - -
RECHNER-RUFE                          32409.0
RECHNER-BELEGZEIT                         0.06698
DAVON EXTERN-BELEGZEIT                    0.0
      PROZESSELEMENT-BELEGZEIT            0.06698
MITTL. SCHLANGENLAENGE                    0.03

PLATTEN-RUFE                           2071.0
GESAMTE PLATTENLAUFZEIT                   9.92318
MITTL. PLATTENLAUFZT. FUER EINEN RUF      0.00479
MITTL. SCHLANGENLAENGE                   38.42757
                                                             PROZESSELEMENT
                                                             - - - - - - -
PROZESSELEMENT-RUFE                   32391.0
GESAMTE PROZESSELEMENT-BELEGUNGSZEIT      0.19538
MITTL. UEBERTRAGUNGSZEIT EINES RUFES      0.00006
MITTL. SCHLANGENLAENGE                    0.02
                                                             EXTERN
                                                             - - - -
EXTERN-RUFE                               0
PUFFERKAPAZITAETS-UEBERSCHREITUNGEN       0
MITTL. SCHLANGENLAENGE                    0.0
```

Bild 5.1: Rechnerausdrucke der Simulationsergebnisse

5.1 Normierung

Die in Abschnitt 4 abgeleiteten Zusammenhänge machen deutlich, daß das Verhältnis der mittleren Externspeicherzugriffszeit zur mittleren Satzdauer, bzw. die Größe des Wechselpuffers im Zentralspeicher des Rechners zur mittleren Satzlänge das Zeit-

verhalten der DNC-Systeme bestimmen. Ihr Absolutwert geht nicht in die Systemdimensionierung ein.
Die folgenden Ausführungen verwenden für die Darstellung der Simulationsergebnisse daher normierte Größen [3]:

$$\rho = \frac{\mu_S}{\mu_T} \qquad (5.1.1)$$

mit μ_S : mittlere Zugriffszeit des peripheren Speichers,
μ_T : mittlere Satzdauer.

Der für jede NC im Mittel benötigte Zentralspeicherbedarf SP_{NC} in Rechnerwerten ergibt sich, bei gleich großen Wechselpufferhälften, aus der Gleichung:

$$SP_{NC} = 2 \cdot K \cdot \mu_L \cdot \frac{c_W}{c_R} \qquad (5.1.2)$$

Die Größe K stellt dabei die je NC in einer Pufferhälfte im Zentralspeicher abgelegte Zahl der NC-Sätze dar, die mit einem Transfer vom peripheren Speicher nachgeladen wird. Der Wert μ_L beschreibt die in Abschnitt 3 aufbereitete mittlere Satzlänge, c_W die Länge eines NC-Zeichens in Bit und c_R die Rechnerwortlänge ebenfalls in Bit. Da diese Konstanten von Anwendung zu Anwendung verschieden sind, werden alle Ergebnisse auf die rechnerunabhängige Größe K bezogen.
Für K ergibt sich aus Gleichung 5.1.2:

$$K = \frac{SP_{NC}}{2\mu_L} \cdot \frac{c_R}{c_W} \qquad (5.1.3)$$

Die dimensionslose Größe K läßt sich als normierte NC-Wechselpufferlänge im Zentralspeicher des DNC-Rechners auffassen.

Für N, N_o, NR bzw. NR_o gelten folgende Absprachen:
N ist die Zahl der angeschlossenen (angesteuerten) Maschinen, N_o ($N_o \geqq N$) dagegen gibt die maximal anschließbare Maschinenzahl an, die der Rechner, ohne daß Hauptspeicherwartezeiten an einer NC auftreten, mit Daten versorgen kann.
NR beschreibt die laufende Maschinennummer, die für prioritätsgesteuerte Organisationen des Datenverteilrechners iden-

tisch ist mit der Maschinenpriorität. NR_o ist die Maschinennummer, ab der - bei dieser Organisationsform - Wartezeiten für jede höhere Maschinennummer auftreten; N_o und NR_o beschreiben bei prioritätsgesteuerten Systemen denselben Sachverhalt. Die Bedeutung einer im weiteren verwendeten Bezugsgröße $N_o \cdot \frac{\rho}{K}$ ergibt sich aus der folgenden Herleitung.

Aus Gleichung 4.6 folgt bei WORST-CASE-Dimensionierung ($K = K_{min}$) mit Mittelwerten:

$$K \cdot \frac{T_S}{\mu_S} \geqq N_0 \cdot \frac{T_S}{\mu_T} \qquad (5.2)$$

Die linke Seite der Gleichung beschreibt die vom Externspeicher im Beobachtungszeitraum T_S im Mittel nachgeladene Satzzahl, die rechte Seite dagegen stellt die Zahl der von N_o Steuerungen in dieser Zeit abgearbeitete mittlere Rufzahl dar. In dem durch Gleichung 4.6 beschriebenen stationären Zustand sind diese Werte einander gleich, d. h. $N_o \cdot \frac{\rho}{K}$ nimmt den Wert 1,0 an.

Im folgenden wird das Zeitverhalten der vier verschiedenen DNC-Strukturen beschrieben.

5.2 DNC-BTR-Systeme mit fremdgesteuerter NC-Datenausgabe

Das Modell der Struktur zeigt Abbildung 4.11; es beschreibt die meisten der bekannten DNC-BTR-Systeme. Sie sind dadurch gekennzeichnet, daß die NC-Datenausgabe über ein fremdgesteuertes Koppelelement (Prozeßelement) abgewickelt wird.

5.2.1 Abfertigungsorganisation

Die Abfertigungsorganisation (vereinzelt auch als Abfertigungsdisziplin bezeichnet) der Anforderungswarteschlange am Rechner bzw. vor dem Externspeicher beeinflußt das Zeitverhalten der DNC-Systeme. In der Praxis überwiegen FIFO- und prioritätsgesteuerte Organisationsformen.

Bei der FIFO-Organisation (First In, First Out) erfolgt die Abfertigung der Anforderungswarteschlangen durch den Rechner in der Reihenfolge ihres Eintreffens, während die prioritäts-

gesteuerte Organisation die Bedienung abhängig macht von einer jeder NC fest zugeordneten Kennziffer. Die folgenden Ausführungen wählen diese Kennziffer identisch mit der Maschinennummer und vereinbaren, daß der kleinsten Nummer die höchste Priorität zukommt ("low is best").
Mischungen der Abfertigungsorganisation, die beispielsweise einer Gruppe von NC-Maschinen eine gemeinsame Priorität zuweisen, innerhalb der Gruppe aber FIFO bedienen, kommen selten zum Einsatz. Aus diesem Grund werden die gemischten Anfertigungsorganisationen hier nicht beschrieben.

5.2.2 Verhalten der NC bei FIFO-Organisation des Datenverteilrechners

Kennzeichnend für die FIFO-Organisation ist, daß alle angeschlossenen numerischen Steuerungen bezüglich ihrer Abfertigung durch den Rechner gleichwertig sind. Diese Tatsache spiegelt sich in dem Verhalten der normierten Hauptspeicherwartezeit wider. Sie wird im folgenden vereinfacht als Hauptspeicherwartezeit bezeichnet.
In Bild 5.2 ist die Hauptspeicherwartezeit T_{WH} der verschiedenen numerischen Steuerungen mit Vor- und Hauptspeicher für 20 bzw. 30 Maschinen und einer festen Wechselpuffergröße (K = 8) aufgetragen. Parameter der Kurven ist die Größe ρ .

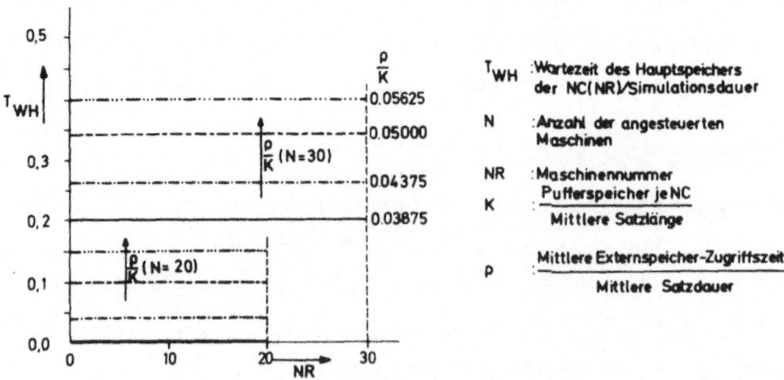

Bild 5.2: Hauptspeicherwartezeit einer NC mit Vor- und Hauptspeicher und FIFO-Organisation des Datenverteilrechners

Ab einem festen Wert ρ_0 tritt bei <u>allen</u> Steuerungen gleichzeitig eine Hauptspeicherwartezeit auf. Der Wert ρ_0, der den Grenzwert des zulässigen Verhältnisses der mittleren Externspeicherzugriffszeit zur mittleren Satzdauer einer negativexponentiellen Verteilung beschreibt, ist abhängig von der Gesamtzahl N der angeschlossenen Maschinen und der Größe K des Wechselpuffers. Diese Abhängigkeit macht Bild 5.3 (links) deutlich. Die Funktion $T_{WHG} = T_{WHG}(\rho)$ steigt für feste Werte von N und K ab einem definierten Wert von ρ_0 rasch an, d. h. DNC-Systeme mit FIFO-Organisation sind nur für ρ-Werte unterhalb dieser Grenze einsatzfähig.

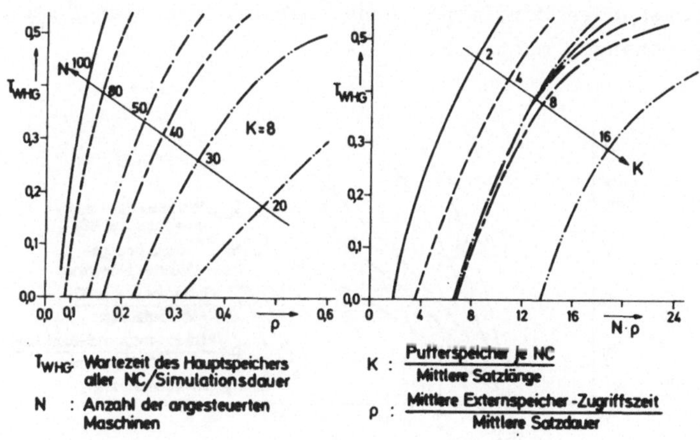

<u>Bild 5.3:</u> Hauptspeicherwartezeit aller NC in Abhängigkeit von ρ (FIFO-Organisation)

Die Folgerungen aus diesem Verhalten soll ein Zahlenbeispiel erläutern.

Geht man davon aus, daß 30 Maschinen mit dem System gekoppelt sind und K den Wert 8 hat, dann ist das DNC-System für ρ-Werte, die kleiner sind als 0,22 einsatzfähig. Unterstellt man weiter, daß die mittlere Satzdauer $\mu_T = 1$ s beträgt, dann muß der in das System integrierte periphere Speicher eine mittlere Zugriffszeit unter 220 ms besitzen. Dieser Wert ist

nur mit Platten- bzw. Trommelspeichern erreichbar.
Das Zeitverhalten läßt sich auch durch Variation der Größe K beeinflussen. Der Einfluß der Pufferspeichergröße K ist in Bild 5.3 durch die Schar $T_{WHG} = T_{WHG}$ ($N \cdot \rho$) (Bild 5.3 rechts), mit K als Parameter, dargestellt. Die Simulationsergebnisse zeigen, daß Kurven mit konstantem K-Wert in einem Kurvenbüschel zusammenfallen, die, nach einem von K linear abhängigen Wert $N \cdot \rho$, rasch größere Hauptspeicherwartezeiten liefern.
Für den Wert K = 8 ist das gesamte sich aus den Simulationsläufen ergebende Kurvenbüschel eingezeichnet, für die übrigen K-Werte dagegen ist - aus Gründen der Übersichtlichkeit - nur eine Kurve dargestellt.
Der lineare Anstieg dieser Werte mit K legt den Gedanken einer weitergehenden Normierung nahe, die die Funktion T_{WHG} von $N \cdot \frac{\rho}{K}$ abhängig macht (Bild 5.4).

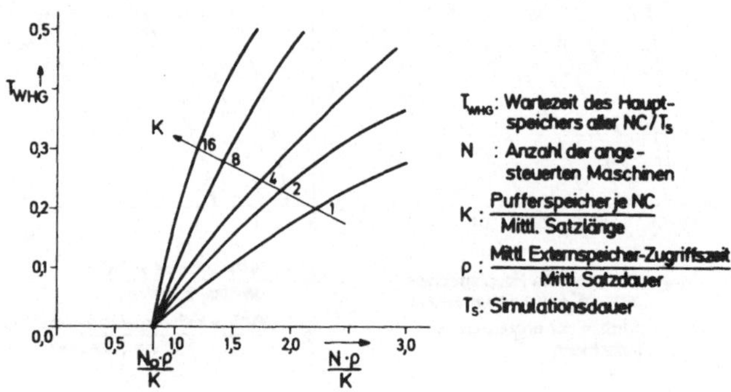

Bild 5.4: Kennkurve des DNC-Systems (FIFO-Organisation)

Das Diagramm stellt die Zusammenfassung aller bisher eingeführten Kurven dar, so daß es als Kennkurve der vorliegenden DNC-Struktur aufgefaßt werden kann.
Für Werte von $N \cdot \frac{\rho}{K}$ größer als 0,8 steigt die Hauptspeicherwartezeit stark an. Damit liegt er überraschend nahe bei dem sich aus der WORST-CASE-Dimensionierung ergebenden Wert von 1,0. Diese Tatsache erklärt sich aus den für die Simulation angenommenen Kennwerten des Rechnersystems.

Die analytischen Berechnungen gehen davon aus, daß sich vor dem Rechner bzw. dem Prozeßelement keine Warteschlangen aufbauen, eine Vereinfachung, die nur dann zulässig ist, wenn die Datenübertragungsstrecke zwischen Rechner und NC hohe Übertragungsgeschwindigkeiten realisiert und der Rechner zur Organisation eines NC-Rufs unter 1 ms (500 Befehle) benötigt. Für diese Grenzwerte tritt sowohl das Prozeßelement als auch der Rechner als Engpaß nicht mehr in Erscheinung. Das Simulationsmodell vereinfacht sich damit auf die der analytischen Berechnung zugrunde gelegte Struktur. Hieraus erklärt sich auch die gute Übereinstimmung der Simulationsergebnisse und der analytischen Berechnungen.

5.2.3 Verhalten der NC mit Vorspeicher und einer Rechnerorganisation nach Prioritäten

Bei der Abfertigung der Datenanforderung bewertet die prioritätsgesteuerte Organisation die Dringlichkeit des Anrufs. Sie bevorzugt hochpriore gegenüber niederprioren Rufen.
Aufgrund dieser Organisationsform ändert sich das Zeitverhalten der NC. Bild 5.5 zeigt die Hauptspeicherwartezeit der numerischen Steuerung in Abhängigkeit von der Maschinennummer bzw. der ihr zugeordneten Priorität (s. Abschnitt 5.2.1); als Vergleichskurve ist das Verhalten der FIFO-Organisation mit eingetragen. Die Kurven wurden mit dem Simulationsverfahren ermittelt.
Während bei FIFO <u>alle</u> Steuerungen ab einem bestimmten $\frac{\rho}{K}$-Wert Hauptspeicherwartezeiten aufweisen, ist dies für prioritätsgesteuerte Systeme nur ab einer bestimmten Maschinennummer der Fall. Die Größe NR_o dieser Nummer ist unabhängig von der Zahl der angeschlossenen Maschinen. Dieses Verhalten liefert den markantesten Unterschied zur FIFO-Organisation.
NR_o erweist sich in den Simulationsläufen als abhängig von dem Wert $\frac{\rho}{K}$, d. h. von der Zahl der gespeicherten Sätze und dem Verhältnis der mittleren Externspeicherzugriffszeit zur mittleren Satzdauer. Bild 5.5 zeigt Kurven mit $\frac{\rho}{K}$ als Parameter, aufgenommen für verschiedene K-Werte. Für jede der Kurven sind mindestens zwei Simulationsläufe notwendig.

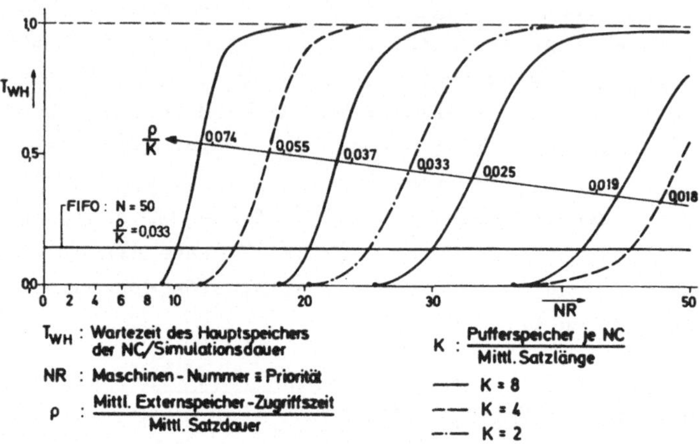

Bild 5.5: Hauptspeicherwartezeit bei Prioritäten

Der lineare Anstieg der Werte NR_o mit dem Parameter $\frac{\rho}{K}$ legt den Gedanken nahe, auch hier die Kurven über $NR \cdot \frac{\rho}{K}$ aufzutragen (Bild 5.6). Der wesentliche Unterschied zu der in Bild 5.4 gewählten Ordinatenbezeichnung ist, daß hier auf die laufende Maschinennummer NR bezogen wird, während Bild 5.4 sich auf die Gesamtzahl N aller angeschlossenen Maschinen bezieht.
Die Kurven fallen bei dieser Normierung näherungsweise in einen einzigen Kurvenzug zusammen, der bei Werten von $NR \cdot \frac{\rho}{K}$ größer 0,65 Hauptspeicherwartezeiten liefert. Sein Verlauf ist unabhängig von der Gesamtzahl der angeschlossenen Maschinen, er hängt vielmehr allein von dem Parameter $\frac{\rho}{K}$ ab.
Das dargestellte Systemverhalten erklärt sich aus der für jede NC wirksamen Rufdauer. Unter diesem Begriff sei die Zeit verstanden, die zwischen der Abgabe und dem Abschluß der Bedienung einer Datenanforderung vergeht (Bild 5.7).
Die Ergebnisse zeigen, daß die Rufdauer für Maschinennummern NR, die kleiner sind als NR_o, bei Zeichenübertragungszeiten $T_{ÜZ} \leqq 1$ ms näherungsweise den gleichen Wert für alle Maschinennummern besitzt. Die Größe der Rufdauer hängt in diesem

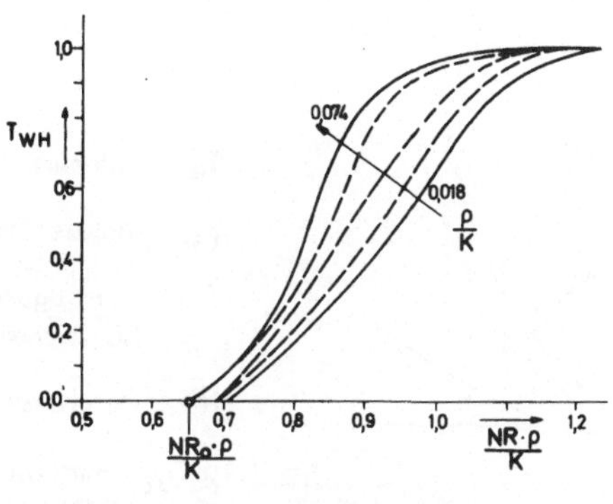

T_{WH} : Wartezeit des Hauptspeichers der NC (NR)/Simulationsdauer

NR : Maschinen-Nummer

ρ : $\frac{\text{Mittl. Externspeicher-Zugriffszeit}}{\text{Mittl. Satzdauer}}$

K : $\frac{\text{Pufferspeicher je NC}}{\text{Mittl. Satzlänge}}$

Bild 5.6: Kennkurven prioritätsgesteuerter Systeme

Bereich allein von der Zeichenübertragungszeit, der mittleren Satzlänge und der für jeden NC-Ruf notwendigen Organisationszeit ab.
Im vorliegenden Fall benötigt z. B. ein NC-Ruf, bei einer NC-Zeichenübertragungszeit von 0,3 ms und einer mittleren Satzlänge von 15 Zeichen, für die Maschine höchster Priorität im Mittel 6 ms bis er beantwortet ist. Auf die Auslastung des Prozeßelements wird in einem späteren Abschnitt eingegangen.

Jeder NC-Ruf erfordert im Rechner eine konstante Organisationszeit. Sie ist Ursache für den Anstieg der Kurve in Bild 5.7 bei kleinen Übertragungszeiten. Für diese Werte wird das Verhältnis der mittleren Satzausgabezeit $\mu_L \cdot T_{ÜZ}$ zur Rufdauer T_R durch die konstante Organisationszeit des Rechners besonders ungünstig.

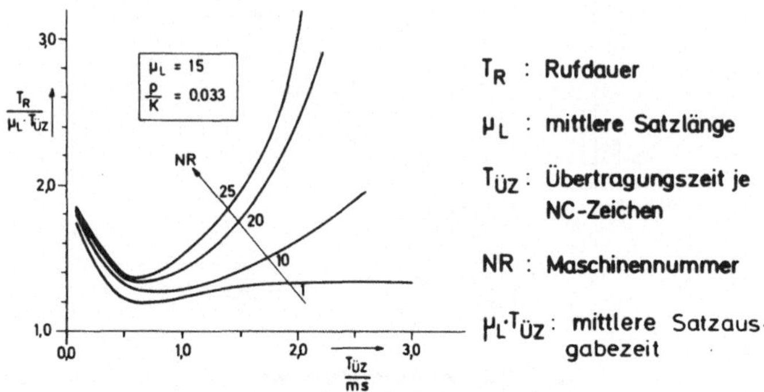

Bild 5.7: Rufdauer prioritätsgesteuerter DNC-Systeme

5.2.3.1 Folgerungen

Aus dem entwickelten Systemverhalten leiten sich einige Folgerungen für den Steuerungssystementwurf ab.
Als charakteristisches Merkmal der FIFO-Organisation ist anzusehen, daß nach Überschreiten des Grenzwerts N_o bei allen Maschinen eine Hauptspeicherwartezeit auftritt. Da diese Überlast kurzfristig auch durch Hintergrundaufgaben des Rechners verursacht werden kann - Beispiele hierfür sind das Assemblieren oder das Einlesen von NC-Daten - müssen derartige Organisationen eine große Sicherheitsreserve in ihrem Auslastungsgrad besitzen, wenn sie auf Laststöße nicht mit Hauptspeicherwartezeiten reagieren dürfen. Diese Nachteile besitzen prioritätsgesteuerte Systeme für hochpriore Maschinen nicht.
FIFO-Systeme bedienen darüber hinaus innerhalb des zulässigen Einsatzbereiches $N \leqq N_o$ alle Steuerungen gleich, d. h. die Rufdauer ist unabhängig von der Maschinennummer. Aber auch bei prioritätsgesteuerten Systemen erscheint es nicht zweckmäßig (vgl. Bild 5.7), zeitkritische Datenanforderungen in der Maschinennummer umzugruppieren, eine Tatsache, auf die Abschnitt 3.3.5 bereits hingewiesen hat. Die zusätzliche Aussage,

daß zeitkritische Informationen nach Möglichkeit in einem Datenblock abgelegt sein müssen, bestätigt eine Modellmodifikation.
Lädt das Modell bereits vor Simulationsbeginn eine konstante Zahl von NC-Sätzen in den nachgebildeten Zentralspeicher des Modells und unterbricht dann den Datennachschub, so erhält man für diese NC-Sätze die in Bild 5.7 dargestellte Rufdauer. Erst der Nachladevorgang nach Leeren des Ausgabespeichers bewirkt hohe Rufzeiten.
Im Gegensatz zur FIFO-Organisation beeinträchtigen bei prioritätsgesteuerten Systemen zusätzlich angeschlossene Maschinen die Bedienung hochpriorer Anforderungen nicht, d. h. das System erweist sich als stabil gegenüber Überlast niedriger Priorität. Nicht bedienbare Maschinen werden automatisch von der Datenversorgung ausgeschlossen. Allein diese Tatsache legt eine Verwendung prioritätsgesteuerter DNC-Systeme nahe.

Diese Organisation kann maximal NR_o Maschinen, ohne daß Hauptspeicherwartezeiten auftreten, mit Daten versorgen, wobei sich NR_o aus Gleichung 5.3 errechnet:

$$NR_0 \approx 0,65 \cdot \frac{K}{\rho} \qquad (5.3)$$

NR_o ist laut Definition identisch mit der Maschinennummer, bei der relative Hauptspeicherwartezeiten größer als 1 % auftreten.
Den Vergleich der bei den verschiedenen Organisationsformen an das DNC-System anschließbaren Maschinen N_o und dem hierfür notwendigen Zentralspeicherbedarf SP_R aller Datenpuffer zeigt Bild 5.8. Es macht deutlich, daß die FIFO-Organisation (10... 12) % mehr Maschinen mit Daten versorgen kann und so günstigere Werte als die Priorität liefert. Sie hat aber den entscheidenden Nachteil, daß sie gegenüber Überlast instabil ist. Aus diesen Gründen erscheint die Verwendung von prioritätsgesteuerten Organisationen, trotz der etwas ungünstigen Werte in bezug auf anschließbare Maschinen, besser für DNC-Systeme geeignet. Für die prioritätsgesteuerte Organisation werden im folgenden die Ergebnisse abgeleitet.

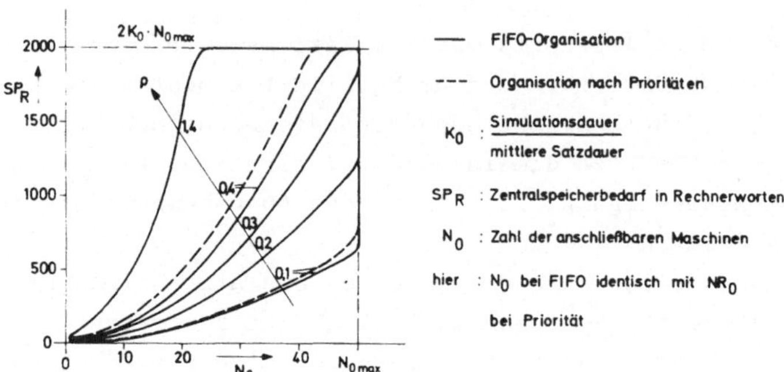

Bild 5.8: Zentralspeicherbedarf in Rechnerworten

Der Zentralspeicherbedarf in Bild 5.8 ist für ein System gezeichnet, das maximal N_{omax} = 50 Maschinen enthält. Für große ρ-Werte können demnach alle Steuerungen erst dann vollständig mit Daten versorgt werden, wenn $(2 \cdot K_o \cdot N_{omax})$ Sätze, d. h. die gesamte im Beobachtungszeitraum notwendige Information im Zentralspeicher des Rechners abgelegt ist.
Die minimale Größe des Zentralspeicherbedarfs errechnet sich bei prioritätsgesteuerten Systemen aus Gleichung 5.4.1:

$$SP_R = 2 \cdot NR_0 \cdot K \qquad (5.4.1)$$

oder mit (5.3)

$$SP_R \approx 2 \cdot \frac{NR_0^2 \cdot \rho}{0,65} \qquad (5.4.2)$$

SP_R steigt mit dem Quadrat der Zahl der angeschlossenen Maschinen an.

5.2.3.2 Verhalten der NC ohne Vorspeicher und Priorität

Bisher unterlegten die Ausführungen numerische Steuerungen mit Vor- und Hauptspeicher. In der Praxis kommen jedoch häufig, z. B. bei Drehmaschinen, Steuerungen ohne Vorspeicher

zum Einsatz. Bei diesem Steuerungstyp tritt notwendigerweise eine Wartezeit für den Hauptspeicher auf, in der die NC den aktuellen Bearbeitungssatz schon abgearbeitet, die nächste Information aber noch nicht vollständig eingelesen hat. Die Unterbrechung muß nicht notwendigerweise schädliche Auswirkungen auf den Fertigungsprozeß haben.
Den Verlauf der Hauptspeicherwartezeit numerischer Steuerungen ohne Vorspeicher zeigt Bild 5.9. Er entspricht für hohe Übertragungsgeschwindigkeiten der Wartezeit numerischer Steuerungen mit Vor- und Hauptspeicher, als zusätzlicher Einflußparameter macht sich jedoch die Übertragungsgeschwindigkeit der NC-Zeichen bemerkbar.

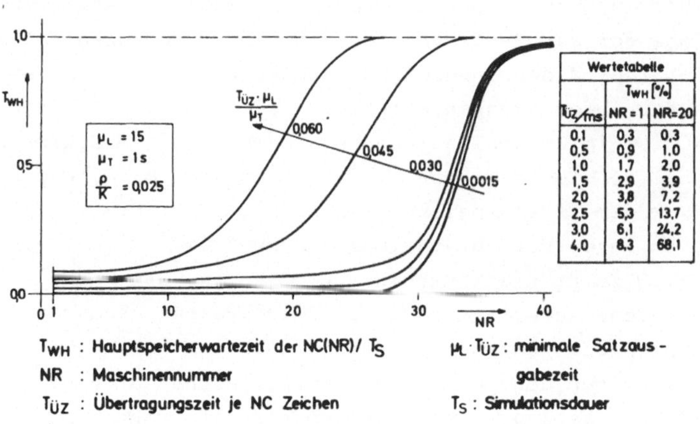

Wertetabelle		
	T_{WH} [‰]	
$T_{ÜZ}$/ms	NR = 1	NR=20
0,1	0,3	0,3
0,5	0,9	1.0
1,0	1.7	2,0
1,5	2,9	3,9
2,0	3,8	7,2
2,5	5,3	13.7
3,0	6,1	24,2
4,0	8,3	68.1

Bild 5.9: Hauptspeicherwartezeit einer NC ohne Vorspeicher

Aus den Kurven in Bild 5.9 kann eine maximale Übertragungsgeschwindigkeit abgeleitet werden, die abhängig ist von der minimal zulässigen Wartezeit der NC. Will man beispielsweise bei einer mittleren NC-Satzdauer μ_T = 1 s 20 Steuerungen ohne Vorspeicher mit Daten versorgen, die nach jedem Satz maximal 10 ms (1 % von μ_T) ohne Information sein dürfen, muß die Übertragungsgeschwindigkeit eines NC-Zeichens für μ_L = 15 unter

0,5 ms liegen (vgl. Tabelle in Bild 5.9).

5.2.4 Das Zeitverhalten des Rechnersystems

Die Rufdauer, die zwischen einer Datenanforderung und ihrer Beantwortung vergeht (s. Abschnitt 5.2.3), charakterisiert das äußere Zeitverhalten des Rechnersystems. Das innere Zeitverhalten des Rechners wird dagegen von dem Auslastungsgrad der Zentraleinheit und der Größe der vor den verschiedenen Bedieneinheiten (Zentraleinheit, periphere Speicher) auftretenden Warteschlangen bestimmt [10].

5.2.4.1 Warteschlangen vor dem Externspeicher

Mit den bisher für die Simulation angenommenen Kenndaten des Rechnersystems tritt als wesentlicher Engpaß der periphere Speicher in Erscheinung, vor dem sich Warteschlangen aufbauen. Die Zahl der auf Bedienung wartenden Anforderungen ist abhängig von der Zahl N der angeschlossenen Steuerungen, dem Faktor $\frac{\rho}{K}$ sowie der Abfertigungsdisziplin.

Der NC ist im Zentralspeicher ein Wechselpuffer zugeordnet. Jede Hälfte dieses Wechselpuffers kann sich mit einer Anforderung vor dem Externspeicher einreihen, d. h. die Länge der Warteschlange erreicht maximal den Wert 2N.

Bild 5.10 zeigt die Warteschlangen vor dem Externspeicher für verschiedene Abfertigungsdisziplinen. Parameter der Kurven ist die Zahl N der gesteuerten Maschinen.

Vergleicht man den Verlauf der Hauptspeicherwartezeit in Bild 5.3 mit dem Verlauf dieser Warteschlangen, dann wird deutlich, daß der starke Anstieg wartender Anforderungen parallel verläuft zu dem Auftreten von Hauptspeicherwartezeiten. Mit den gegebenen Kenndaten bestimmt der periphere Speicher das Zeitverhalten.

Der Verlauf der Kurven legt eine weitergehende Normierung nahe.

Es erweist sich als zweckmäßig, die Größe der Warteschlangen auf die Zahl N der angeschlossenen Maschinen zu beziehen und sie über $N \cdot \frac{\rho}{K}$ aufzutragen. Die Kurven fallen dann für alle Parameterwerte N in einem Kurvenzug zusammen.

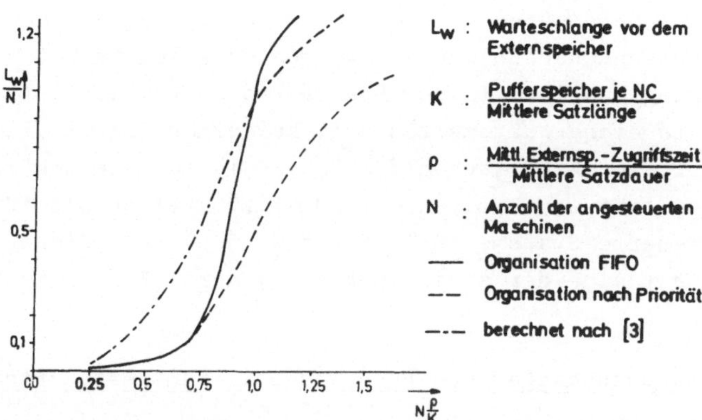

Bild 5.10: Warteschlangen vor dem Externspeicher

In das Diagramm ist zusätzlich der berechnete Verlauf eingezeichnet [3], der durch den Punkt $(L_W/N) = 1{,}0$ bei $N \cdot \frac{\rho}{K} = 1{,}0$ verläuft.

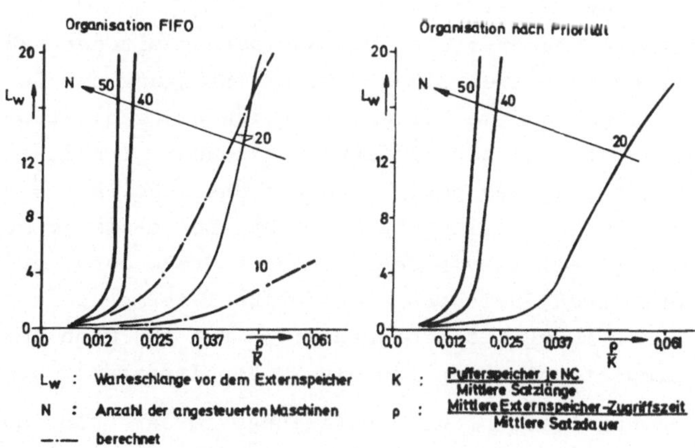

Bild 5.11: Warteschlangen verschiedener Organisationen

Hier findet sich eine weitere Erklärung für den Grenzfall von $N_o \cdot \frac{\rho}{K} = 1{,}0$. Die Berechnung geht davon aus, daß im Grenzfall vor dem peripheren Speicher genau eine Hälfte des Wechselpuffers auf Datennachschub wartet, während die andere Daten an die Steuerung ausgibt. In der Praxis treten für Werte $(L_W/N) < 1{,}0$ Hauptspeicherwartezeiten auf, bei einer Organisation nach Prioritäten z. B. schon für $L_W = 0{,}1 \cdot N$. Der Anstieg der Hauptspeicherwartezeiten ist für FIFO steiler als für prioritätsgesteuerte Systeme (Bild 5.3 bzw. 5.5). Aus dieser Tatsache erklärt sich der steilere Anstieg der FIFO-Warteschlangen.

5.2.4.2 Auslastungsgrad des Rechners bei fremdgesteuerter Ausgabe

Für die Realisierung zusätzlicher Funktionen im Rechner ist der Auslastungsgrad der Zentraleinheit von Bedeutung. Unter diesem Begriff sei der auf den Beobachtungszeitraum bezogene Zeitanteil, in dem der Rechner für DNC-Aufgaben arbeitet, verstanden. Bild 5.12 zeigt den Auslastungsgrad der Zentraleinheit durch die Datenverteilung in Abhängigkeit von N und einer konstanten NC-Satzdauer bzw. einer konstanten Zugriffszeit des peripheren Speichers für den Fall, daß der periphere Speicher den Engpaß bildet.
Für konstante Satzdauer steigt die Auslastung mit der Zahl der angeschlossenen Maschinen linear an, die Steigung der Geraden errechnet sich aus der je Ruf erforderlichen Organisationszeit der Zentraleinheit und der mittleren Satzdauer. Erreicht das System die Sättigung des peripheren Speichers bei $N \cdot \frac{\rho}{K} = 0{,}8$, so bleibt die Rechnerauslastung konstant. Der maximale Auslastungsgrad hängt allein von der absoluten Größe der Zugriffszeit des peripheren Speichers, von der Zahl der gespeicherten Sätze und von dem Organisationsbedarf je Ruf ab, wenn keine Sätze vor Simulationsbeginn für die NC bereitgestellt werden.

Ein Zahlenbeispiel soll eine Vorstellung von der Größe der Rechnerauslastung geben. Geht man davon aus, daß jeder NC-Ruf eine konstante Organisationszeit von c = 2 ms benötigt, dann ergibt sich, bei einer mittleren Speicherzugriffszeit von

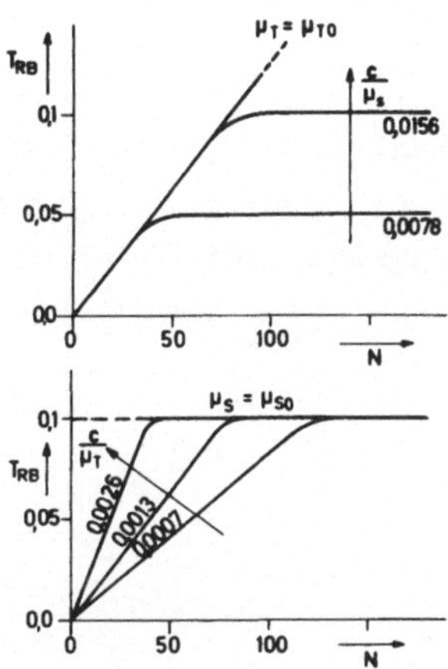

$N \cdot \frac{\rho}{K} < 0{,}8: \quad T_{RB} = \frac{c}{\mu_T} \cdot N$

$N \cdot \frac{\rho}{K} \geq 0{,}8: \quad T_{RB} = 0{,}8 \cdot K \cdot \frac{c}{\mu_S}$

T_{RB}: Rechnerauslastung

N : Zahl d. angesteuerten Maschinen

<u>Zahlenwerte</u>

$T_{RB_{max}} = 0{,}1$ bei:

c = 2,1 ms/NC-Ruf.

K = 8

μ_{T_0} = 1600 ms

μ_{S0} = 135 ms

<u>Bild 5.12:</u> Auslastung der Zentraleinheit bei FIFO-Organisation

500 ms und einem K-Wert von 10, eine maximale Rechnerauslastung von 3,2 % durch die Datenverteilung. Die mittlere Satzdauer hat keinen Einfluß auf den Auslastungsgrad.
Das Verhalten findet seine Erklärung in der für jeden NC-Ruf notwendigen konstanten Organisationszeit. Befindet sich das System noch nicht in der Sättigung ($N < N_o$), bedient es alle Maschinen. Erreicht dagegen N den Grenzwert N_o, blockiert der periphere Speicher die Versorgung weiterer Maschinen und hält den Auslastungsgrad der Zentraleinheit konstant. Die Herleitung von T_{RB} macht dies deutlich (vgl. Bild 5.12).

$$T_{RB} = \frac{1}{T_S} \cdot \left(c \cdot \frac{T_S}{\mu_T} \cdot N_0\right), \qquad (5.5.1)$$

wobei für N_o bei FIFO-Organisationen gilt:

$$N_0 = 0{,}8 \cdot \frac{K}{\rho} \qquad (5.5.2)$$

T_S bezeichnet die Simulationsdauer. Durch Einsetzen von Gleichung (5.5.2) in Gleichung (5.5.1) erhält man:

$$T_{RB} = 0{,}8 \cdot K \cdot \frac{c}{\mu_S} \qquad (5.5.3)$$

Die mittlere Rechnerauslastung T_{RB} ist unabhängig von der mittleren Satzdauer. Gleichung 5.5.3 gilt auch für prioritätsgesteuerte Systeme, wenn man anstelle des Faktors 0,8 den hier gültigen Wert 0,65 einsetzt. Bei prioritätsgesteuerten Systemen ist, durch die kleinere Zahl anschließbarer Maschinen, die Auslastung der Zentraleinheit geringer. Dieser geringe Auslastungsgrad erlaubt vorzugsweise die Realisierung rechenintensiver und nicht zentralspeicher- bzw. externspeicherintensiver DNC-Funktionen.

5.2.4.3 Auslastungsgrad des peripheren Speichers

Einen weitaus höheren Auslastungsgrad als der Zentralspeicher besitzt im Normalfall der periphere Speicher (Bild 5.13).

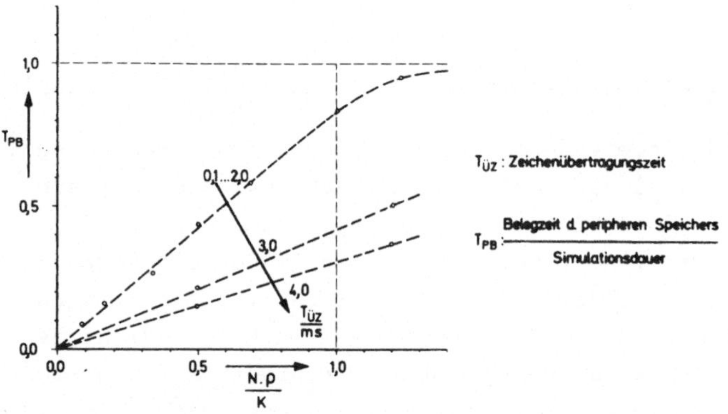

Bild 5.13: Auslastung des peripheren Speichers

Er stellt den das System bestimmenden Engpaß dar, vorausgesetzt das Übertragungssystem bzw. der Zentralspeicher blokkiert durch lange Organisationszeiten die Abarbeitung der NC-Rufe nicht. Das Bild enthält auch für den Sonderfall, daß das Prozeßelement die Abarbeitung durch hohe Zeichenübertragungszeiten beeinflußt ($T_{ÜZ} > 2,0$ ms), die Auslastung des peripheren Speichers. Sie geht dabei in demselben Maße zurück, wie der Auslastungsgrad des Prozeßelements (Koppelelement) ansteigt.

Ein Zahlenbeispiel soll anschließend eine Vorstellung von der Größe der Speicherauslastung geben. Unterstellt man z. B. die für die Rechnerauslastung gewählten Werte (μ_T = 3 s, μ_S = 500 ms, K = 10, N = 50), erhöht sich die Auslastung des peripheren Speichers für $T_{ÜZ}$ = (0,1...2) ms auf 72 % aufgrund der Datenverteilung; sie ist damit um den Faktor 22,5 größer als die Auslastung der Zentraleinheit.

5.2.4.4 Konstantrufverhalten

Der konstante Auslastungsgrad des Rechners für $N < N_o$ erklärt sich aus der Tatsache, daß das DNC-System bei vorgegebenen Systemdaten in einer Zeiteinheit eine maximale Rufzahl RZ_{max} bearbeitet, darüber hinausgehende Anforderungen aber nicht mehr bedient.
Diese Annahme wird bestätigt, wenn man die Summe der abgearbeiteten Rufe aller NC-Steuerungen nach der Formel bildet:

$$RZ_{max} = \frac{T_S}{\mu_T} \sum_{\nu=1}^{NR} (1 - T_{WH}(\nu)) \qquad (5.6)$$

Jedem $\frac{\rho}{K}$-Wert läßt sich in Bild 5.5 eindeutig eine Funktion $T_{WH}(NR)$ zuordnen, so daß für konstante $\frac{\rho}{K}$-Werte Gleichung 5.6 einen festen Zahlenwert annimmt; Bild 5.14 zeigt dieses Konstantrufverhalten.
Bewegt man sich auf der Kurve konstanter Satzdauer μ_T, steigt die Zahl maximal bearbeitbarer Rufe mit fallendem $\frac{\rho}{K}$ solange an, bis das System alle Maschinen voll bedient und $N_{max} \cdot T_S/\mu_T$ Rufe abfertigt.
Ein anderes Verhalten dagegen zeigt sich für konstante Werte von K und konstante Speicherzugriffszeiten. Variiert jetzt die Satzdauer μ_T, so verändert sich die maximale Rufzahl nur sehr wenig, da in Bild 5.14 sowohl der $\frac{\rho}{K}$-Wert als auch der Parameterwert μ_T sich so verändert, daß die abgearbeitete Rufzahl konstant bleibt.
Dieses Verhalten erklärt die Meßergebnisse in Kapitel 4. Bei diesen Meßreihen bleiben die Systemdaten unverändert und die Satzdauer μ_T variiert. Die Zahl der abgearbeiteten Rufe, dargestellt durch die Fläche unter der Meßkurve, bleibt konstant,

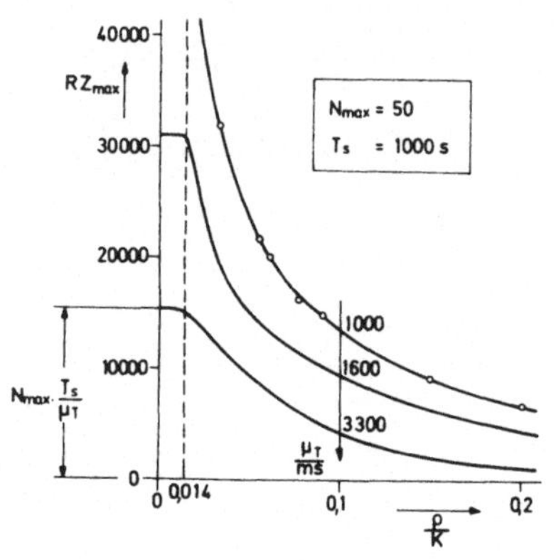

Wertetabelle

	ρ/K	K	RZ_{max}
$\frac{\mu_T}{ms} = 1000$	0,1458	1,6	9553
	0,1458	3,2	9235
	0,0850	34	15367
	0,0451	70	27702
	0,0365	13	32409
	0,0142	13	48624

N : Zahl der angesteuerten Maschinen

RZ_{max} : maximal bearbeitete Rufzahl

μ_T : mittlere Satzdauer

T_S : Simulationsdauer

Bild 5.14: Konstantrufverhalten

da sich bei einem schnellen Satzabruf die Zahl der je NC abgearbeiteten Rufe erhöht, gleichzeitig aber die Zahl der bedienbaren Maschinen abnimmt.

Die Zahl der maximal abgearbeiteten Rufe charakterisiert demnach das DNC-System. Ihre Größe ist mit dem in Kapitel 4 dargestellten Meßaufbau zu ermitteln.

5.2.5 Auslastung des Koppelelements

Anschließend wird das Zeitverhalten des Koppelelements (Bild 5.15) dargestellt. Es übernimmt bei fremdgesteuerten Datenausgaben die zeit- und formatrichtige Verteilung der im Zentralspeicher bereitgestellten NC-Daten an die Steuerungen.

Bild 5.15 stellt die Auslastung des Koppelelements in Abhängigkeit von der Zeichenübertragungszeit $T_{ÜZ}$ dar, wie sie sich aus den Simulationsläufen ergibt.

Zusätzlich dargestellt ist die Größe der Warteschlange vor dem Koppelelement bzw. vor dem peripheren Speicher. Bei konstanter mittlerer Satzlänge steigt die Auslastung dieser Einheit bis auf über 90 % an, bevor sich die Zahl der wartenden Ausgaberufe erhöht. Über diesem Grenzwert vergrößert sich die

Zahl wartender Ausgaberufe rasch, gleichzeitig verkleinert sich aber die Speicherwarteschlange. Der Engpaß verlagert sich vom peripheren Speicher auf das Koppelelement.

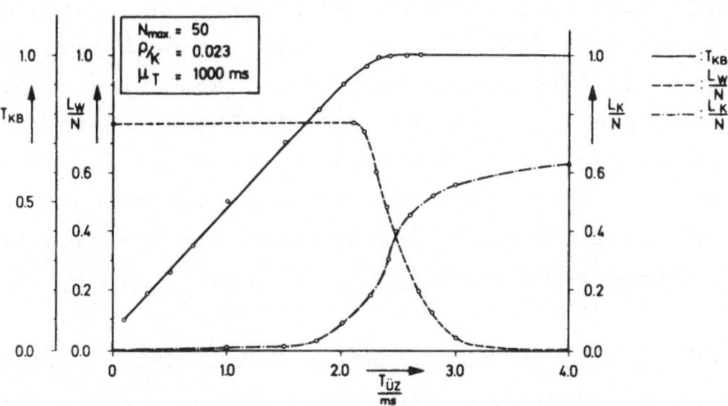

Bild 5.15: Zeitverhalten des Koppelelements bei Prioritäten

Den Grenzwert bedienbarer Rufe berechnet man nach Gleichung 5.7.1. Nach Bild 5.15 darf das Koppelelement bis ungefähr 90 % ausgelastet werden, ohne daß sich sein Einfluß bemerkbar macht. Aus T_{KB} = 0,9 folgt dann:

$$RZ_{max} = 0{,}9 \cdot \frac{T_S}{\mu_L \cdot T_{ÜZ}} \qquad (5.7.1)$$

Die Zahl maximal bedienbarer Maschinen ist der Näherung zu entnehmen:

$$RZ_{max} = N_0 \cdot \frac{T_S}{\mu_T} \qquad (5.7.2)$$

oder mit Gleichung 5.7.1:

$$N_0 = 0{,}9 \cdot \frac{\mu_T}{\mu_L \cdot T_{ÜZ}} \qquad (5.7.3)$$

Ein Zahlenbeispiel soll diese Gleichungen erläutern. Ausgehend von einem mittleren Anrufabstand von μ_T = 1000 ms und einer mittleren Satzlänge von 15 Zeichen ist es möglich, bei einer Zeichenausgabedauer von 0,3 ms, an das Koppelelement 200 Steuerungen anzuschließen. Dieser Wert liegt weit über jeder in der Praxis üblichen Systemgröße.
Einige DNC-Entwickler schlagen den Einsatz parallelgeschalteter Koppelelemente [48] vor, die jeweils eine kleine Zahl von Steuerungen mit Daten versorgen. Es ist aber nicht zweckmäßig, für kleine Werte $T_{ÜZ}$ diese für den DNC-Entwurf zeitunkritische Nahtstelle durch Vervielfachung des Koppelelements zu entlasten. Mit Kenntnis dieser Daten ist vielmehr zu überprüfen, ob die Zentraleinheit des Rechners die NC-Daten nicht programmgesteuert ausgeben kann.

5.3 DNC-BTR-Systeme mit programmgesteuerter Datenausgabe

Das Modell für DNC-BTR-Systeme mit fremdgesteuerter Datenausgabe (Bild 4.11) enthält einen jeder NC fest zugeordneten Wechselpuffer im Zentralspeicher und ein Koppelelement, das die NC-Daten fremdgesteuert an die verschiedenen numerischen Steuerungen verteilt. Die Zentraleinheit des Rechners ist nur für die Dauer der Rechnerorganisation eines NC-Rufs belegt, während der Datenausgabe ist sie frei für weitere Aufgaben.
Die geringe Auslastung der Zentraleinheit legt den Gedanken einer programmgesteuerten Datenausgabe nahe. An die Stelle des fremdgesteuerten Koppelelements, bei dem das DNC-Programm nur die Anfangs- bzw. Endadressen eines Ausgabebereichs dem Steuerwerk des Koppelelements übergibt, dessen Inhalt dann z. B. im Cycle-Stealing-Verfahren selbsttätig vom Koppelelement ausgegeben und an die Datenübertragungsstrecke angepaßt wird, tritt bei der programmgesteuerten Ausgabe ein Rechnerprogramm. Es enthält Befehlsfolgen, die die NC-Daten zeit- und formatrichtig an die Übertragungsstrecke weitergeben. Das Programm realisiert z. B. auch die Taktung der NC-Zeichen.
Die Vorteile, die bei Einsatz einer programmgesteuerten Datenausgabe zu erwarten sind, liegen vor allem in der Möglichkeit, verschiedene NC-Datenformate den Steuerungen anzubieten, ohne

daß umfangreiche Hardwareänderungen an dem fremdgesteuerten Koppelelement notwendig sind. Gleichzeitig vereinfacht sich der Aufbau des Koppelelements, da es keine aufwendigen Hardwarespeicher für Steuerzeichen bzw. Ablaufsteuerwerke enthalten muß. An die Stelle DNC-spezifischer Koppelelemente kann die vorhandene Prozeßperipherie mit digitalen Ein-/Ausgaben treten. Die so erzielbaren Einsparungen und die erreichbare höhere Flexibilität liefern wesentliche Argumente für den Einsatz der programmgesteuerten Ausgabe.
Darüber hinaus zeigt die Praxis, daß es von Vorteil ist, wenn das Ausgabeprogramm die NC-Zeichen während der Ausgabe erkennt und überprüft. Es kann z. B. mit geringem Aufwand auch NC-Sätze an Steuerungen ohne Vorspeicher ausgeben, bei denen der Einlesevorgang bei der Übernahme von Hilfsfunktionen Wartezeiten erfordert. Während diese Anpassung hier in der Software erfolgt, sind bei der fremdgesteuerten Ausgabe steuerungsspezifische Hardwareentwicklungen notwendig.
Die Hauptspeicherwartezeit der NC bei programmgesteuerter Ausgabe und einer Rechnerorganisation nach Prioritäten zeigt Bild 5.16.
Der Verlauf der Hauptspeicherwartezeit T_{WH} entspricht der von Systemen mit fremdgesteuerter Datenausgabe. Die Kenngröße $NR_o \cdot \frac{\rho}{K}$ liegt aber bei 0,55 und damit um 12 % unter der von Systemen mit fremdgesteuerter Datenausgabe. Ursache hierfür ist die geringfügig größere Warteschlange vor der Ausgabe bzw. die Mehrbelastung der Zentraleinheit. Sie erhöht sich um den Zeitanteil, den der Rechner für die Ausgabe von μ_L Zeichen je NC-Satz benötigt.
Die Größe der Rechnerbelastung errechnet sich aus dem in Bild 5.12 angegebenen Zusammenhang, wenn man den Wert c = 2 ms um den Anteil der Satzausgabezeit erhöht. Bei einer Länge des Steuersatzes von μ_L = 15 Zeichen und einer Ausgabedauer von 0,3 ms, erhält man für c den Wert c = 6,5 ms. Setzt man die in Abschnitt 5.2.4.2 angenommenen Daten voraus, ergibt sich mit ihnen für den Rechner eine maximale Auslastung von T_{RB} = 11,2 % durch die Datenverteilung, gegenüber 3,2 % bei fremdgesteuerter Ausgabe.

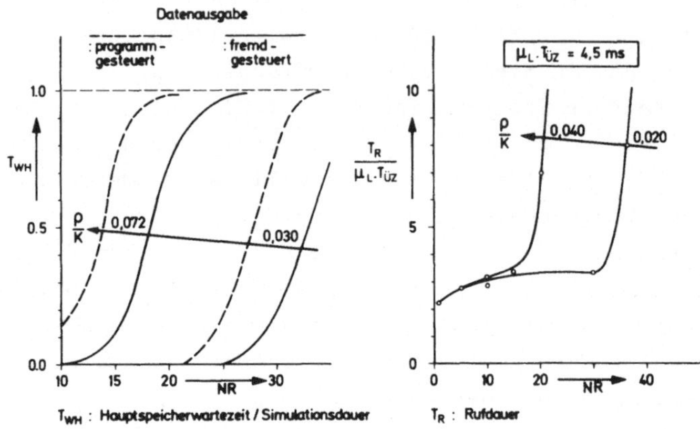

Bild 5.16: Hauptspeicherwartezeit T_{WH} und Rufdauer T_R der NC mit Vorspeicher bei programmgesteuerter Ausgabe und Prioritäten

Auch bei diesem Konzept ist die Zentraleinheit des Rechners durch die Datenverteilung allein noch nicht ausgelastet.

Die Rufdauer eines NC-Rufs höchster Priorität beträgt unter diesen Annahmen 10 ms (Bild 5.16 rechts). Sie ändert sich für $NR < NR_o$ wenig, d. h. es werden alle Steuerungen bedient. Die Laufzeit des Alarms zwischen NC und Rechner bzw. die interne Rechnerorganisation bewirkt die Verlängerung der Rufdauer um den Faktor 2 gegenüber der reinen Satzausgabezeit $\mu_L \cdot T_{ÜZ}$.

Die Vorteile der programmgesteuerten Ausgabe liegen vor allem in der hohen Flexibilität der Datenausgabe und in der Möglichkeit des Einsatzes standardisierter Prozeßperipherie. Die geringe Rechnerauslastung erlaubt auch hier die Übernahme von zusätzlichen, zentralspeicherresidenten Funktionen, ohne daß Einschränkungen für das Datenverteilsystem zu erwarten sind. Das Konzept besitzt dasselbe Zeitverhalten wie Systeme mit fremdgesteuerter Datenausgabe, die bei praxisnahen Werten nur eine zeitunkritische Nahtstelle entlastet. Fremdgesteuerte Prozeßelemente sollten aus dieser Sicht deshalb bevorzugt dort eingesetzt werden, wo eine serielle Übertragungsstrecke besonders hohe Zeitanforderungen bzw. einen umfangreichen Codieraufwand für die NC-Information erfordert, oder aber dann, wenn durch eine zeichenweise Datenanforderung das Verhältnis der Organisationszeit je NC-Ruf zu der für die Datenausgabe erforderlichen Zeit besonders ungünstig wird (Bild 5.7).

5.4 Abhängigkeit der Kenngrößen des DNC-Systems

Die bisherigen Ausführungen setzten häufig negativ-exponentielle Anrufprozesse und Systeme ohne zusätzliche Hintergrundaufgaben voraus, eine Voraussetzung, die für einige Anwendungen zutrifft (Bild 3.8). Viele der eingesetzten DNC-Systeme erfüllen diese Einschränkungen nicht. Für sie sollen im folgenden Dimensionierungshinweise abgeleitet werden.
Die Vielzahl möglicher Einflußparameter auf den DNC-Entwurf erlaubt die Darstellung aller Parameterkombinationen nicht; eine Untersuchung einer speziellen Anwendung kann deshalb nur mit Hilfe von Simulationsläufen mit angepaßten Parameterwerten erfolgen.

5.4.1 Die Kenngrößen prioritätsgesteuerter Organisationen

Als Kenngrößen des DNC-Systems lassen sich nach den bisherigen Ableitungen sowohl $NR_o \cdot \frac{\rho}{K}$ (Bild 5.6) als auch die maximal bearbeitbaren Rufzahlen RZ_{max} auffassen. Neben die schon beschriebenen Parameter "Abfertigungsorganisation" und "Ausgabeorganisation" treten eine Reihe weiterer Einflußgrößen, die diese Kennwerte beeinflussen.
An erster Stelle sind hier zusätzliche Hintergrundaufgaben zu nennen, die mit Datenanforderungen den peripheren Speicher belasten. Darüber hinaus spielt die Organisation des Wechselpuffers, der nicht notwendigerweise aus zwei gleich großen Hälften bestehen muß, sowie die Varianz des Anrufprozesses eine wichtige Rolle.
Der Einfluß der genannten Größen wird für die beschriebenen Systeme näher untersucht.

5.4.2 Hintergrundaufgaben

Für die Dimensionierung der Systeme in bezug auf Hintergrundaufgaben sind Kenndaten des peripheren Speichers (mittlere Zugriffszeit) sowie die Häufigkeit des Datentransfers der im Hintergrund abgearbeiteten Funktionen (vgl. z. B. Abschnitt 3.4.2.1) von Bedeutung. Die absolute Größe des Laufbereichs der Programmteile im Zentralspeicher bzw. der Zeitraum zwischen zwei Unterbrechbarkeitsstellen im Programm spielt dann keine Rolle, wenn die Programme mindestens alle 1 bis 2 Millisekunden unterbrechbar sind. In diesem Fall beeinflußt nur der Datentransfer zum peripheren Speicher das Zeitverhalten des Systems.
Die Abschätzung des Externspeichereinflusses kann mit Hilfe eines modifizierten Modells erfolgen. Die Hintergrundaufgabe ordnet sich hierfür mit der für sie gewählten Priorität in die Speicherwarteschlange ein. Das Simulationsprogramm behandelt sie nun wie eine numerische Steuerung. Die Anrufhäufigkeit dieser zusätzlichen Last ist wählbar, die Belegdauer des peripheren Speichers je Ruf ergibt sich aus der konstanten mittleren Zugriffszeit des Speichers.
Wird das System mit mehreren zusätzlichen Aufgaben unterschiedlicher Priorität beaufschlagt, ordnen sich diese nach dem beschriebenen Verfahren in die Speicherwarteschlange ein.
Die Ergebnisse der Simulationsläufe zeigen, daß unter diesen Voraussetzungen das Zeitverhalten des DNC-Systems allein abhängig ist von der vom peripheren Speicher maximal bedienbaren Rufzahl, die sich aus Gleichung 5.8 berechnet mit:

$$z_{S_{max}} = \frac{T_S}{\mu_S} \quad (5.8)$$

Dieses Verhalten bestimmt die Zahl der ansteuerbaren Maschinen (Bild 5.17). Das Bild zeigt die vom Speicher bedienten Rufe in Abhängigkeit von der Maschinennummer. Nimmt man an, daß jede NC im Beobachtungszeitraum im Mittel dieselbe Zahl von Speicherrufen abgibt und daß die Hintergrundaufgaben den peripheren Speicher ebenfalls mit einer vorgegebenen Rufzahl beaufschlagen, dann bedient nach Bild 5.17 der Speicher die

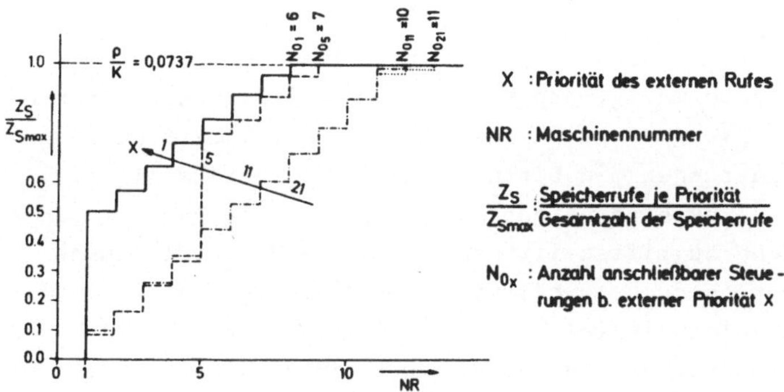

Bild 5.17: Einfluß von Hintergrundaufgaben

Anforderungen - bei prioritätsgesteuerter Abfertigung - solange, bis er die durch Gleichung 5.8 vorgegebene Grenze erreicht.
Bild 5.17 beschreibt das Verhalten des peripheren Speichers bei Hintergrundaufgaben (externe Last) verschiedener Priorität X.
Folgende Gleichung (5.9) läßt sich aus dem gezeigten Verhalten in Bild 5.17 ableiten:

$$0{,}9 \cdot Z_{S_{max}} = \frac{(X-1)}{\mu_T \cdot K} \cdot T_S + H_X + \frac{(N-X)}{\mu_T \cdot K} \cdot T_S \qquad (5.9)$$

mit X: Priorität der externen Last,
H_X: Zahl der Speicherrufe der externen Last während T_S.

Diese Gleichung gestattet die Abschätzung des Systemverhaltens von DNC-Systemen mit externer Last.
Die linke Seite der Gleichung stellt die vom peripheren Speicher bedienbare Rufzahl dar, die mit einem Sicherheitsfaktor multipliziert wird. Die rechte Seite dagegen wird gebildet von der Summe der durch die NC geforderten Speicherrufe höherer Priorität als X, durch die Anzahl der Speicherrufe H_X der externen Last mit Priorität X und schließlich durch die Spei-

cherrufe der restlichen Steuerungen. Ist sichergestellt, daß vom Speicher sowohl die angeschlossenen Maschinen als auch die Hintergrundaufgaben bedient werden, spielt die Priorität der Anforderungen keine ausschlaggebende Rolle mehr; es ist aber zweckmäßig, den Wert der Priorität X der externen Last möglichst groß zu wählen, um auch bei kurzfristigen Systemüberlastungen die Datenverteilung sicherzustellen.
Belegen externe Aufgaben den Speicher länger als die mittlere Speicherzugriffszeit, muß die Größe H_X in Gleichung 5.8 im entsprechenden Verhältnis vergrößert werden.
Ein Zahlenbeispiel soll eine Vorstellung des Systemverhaltens bei zusätzlicher externer Last geben. Nimmt man als mittlere Zugriffszeit des peripheren Speichers 500 ms an, dann lassen sich in einem Beobachtungszeitraum von 1000 s im Mittel 2000 Plattenrufe bedienen. Bei einer mittleren NC-Satzdauer von 1 s und einem Wert K = 10 beaufschlagt jede bediente NC den Speicher im Mittel mit 100 Rufen. Nimmt man zusätzlich an, daß die Hintergrundaufgaben im Beobachtungszeitraum 1000 Speicherrufe benötigen, dann lassen sich an das DNC-System anstelle der maximal möglichen 16 nur etwa 9 Steuerungen anschließen.

5.4.3 Varianz des Anrufprozesses

Die bisherigen Untersuchungen gingen von einem negativ-exponentiellen Verlauf des Anrufprozesses aus, eine Voraussetzung, die in der Praxis häufig nicht erfüllt ist (vgl. Bild 3.6 und 3.7). Als Kennzeichen nichtexponentieller Anrufprozesse kann der Mittelwert μ_T und die Varianz aufgefaßt werden. Ihr Einfluß läßt sich abschätzen, wenn man das Simulationsmodell mit dem in Bild 5.18 (links) dargestellten Anrufprozeß P (<T) beaufschlagt.
Dieser für die Untersuchung vorgeschlagene Anrufprozeß ist dadurch gekennzeichnet, daß sein Mittelwert konstant bleibt, während sich die Varianz ändert. Die Größe der Varianz errechnet sich dabei mit den in Bild 5.18 angegebenen Größen für den Bereich $0 \leq \frac{\Delta\mu_T}{\mu_T} \leq 1$ aus:

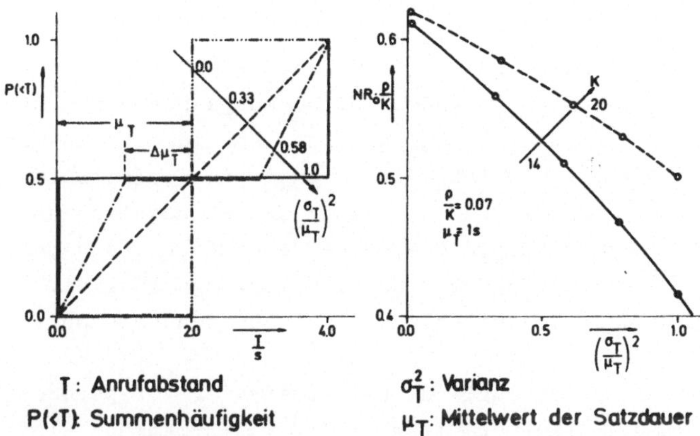

Bild 5.18: Einfluß der Varianz des Anrufprozesses auf die Kenngröße des DNC-Systems

$$\frac{\sigma_T^2}{\mu_T^2} = \frac{1}{3}\left(1 + \left(\frac{\Delta\mu_T}{\mu_T}\right) + \left(\frac{\Delta\mu_T}{\mu_T}\right)^2\right) \qquad (5.10)$$

Bei diesem Verlauf der Testkurven des Anrufprozesses ändert sich die Kenngröße $NR_o \cdot \frac{\rho}{K}$ des DNC-Systems (Bild 5.18 rechts). Mit wachsender Varianz kann das System nur eine kleinere Zahl von Steuerungen aktuell mit Daten versorgen, da häufig kurze Anrufabstände auftreten. Die Abnahme der Kenngröße $NR_o \cdot \frac{\rho}{K}$ hängt von der Zahl K der im Zentralspeicher abgelegten NC-Sätze ab.

Die Varianz des Anrufprozesses beeinflußt nach diesem Ergebnis die Zahl der anschließbaren Maschinen. Eine exakte Abschätzung eines gegebenen Anrufprozesses kann aber nur mit Hilfe angepaßter Simulationsläufe durchgeführt werden.

5.4.4 Organisation der Datenpuffer im Zentralspeicher

Die Größe K des Wechselpuffers im Zentralspeicher gibt bisher die Zahl der vom Externspeicher mit einem Datentransfer nachgeladenen NC-Sätze an, die im Zentralspeicher des Rechners in

zwei <u>gleich</u> großen Speicherbereichen gepuffert werden. Ist eine Hälfte des Wechselpuffers leer, schaltet das Ausgabeprogramm auf die andere Hälfte um.
Es sind Speicherorganisationen realisierbar, die unsymmetrische Datenpuffer verwenden, d. h. Ausgabebereiche mit unterschiedlich großen Speicherhälften. Bezeichnet man mit dem Begriff "Vorspeicher (VS_R)" die Länge des Wechselpufferbereichs, die der periphere Speicher mit K Sätzen nachlädt und mit "Hauptspeicher (HS_R)" die Länge des Puffers, aus dem der Rechner NC-Daten während des Nachladevorgangs ausgibt, dann lassen sich zwei Organisationsformen für den Datenpuffer erkennen.
Zum einen ist es möglich, bei konstanter Vorspeicherlänge VS_R die Größe HS_R zu verändern. Bild 5.19 zeigt den Einfluß dieser Variation auf die Hauptspeicherwartezeit.

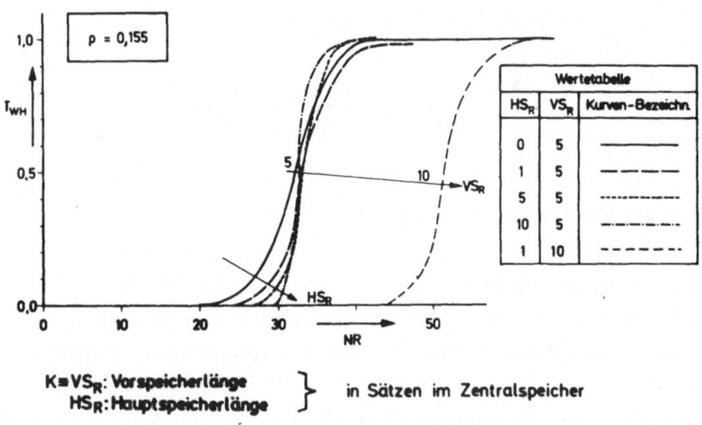

<u>Bild 5.19:</u> Hauptspeicherwartezeit bei Variation des Vorspeichers VS_R und des Hauptspeicher HS_R

Für eine Vorspeicherlänge von 5 Sätzen wurde die Hauptspeicherlänge HS_R variiert. Das Ergebnis zeigt, daß für verschiedene Hauptspeichergrößen das System näherungsweise dieselbe Kennkurve besitzt. Mit einer Vergrößerung des Hauptspeichers

steigt die Zahl zusätzlich anschließbarer Maschinen nur unwesentlich an.
Dieses Verhalten erklärt sich aus dem Verlauf der Speicherwarteschlange, die sich bei Variation des Hauptspeichers nicht ändert, da die Zahl der Speicheranforderungen konstant bleibt. Nur die für die Zeit des Nachladevorgangs zur Verfügung stehende Informationsmenge nimmt zu. Das Bild enthält den Sonderfall $HS_R = 0$, der zeigt, daß das System mit einem Einfachpuffer anstelle eines Wechselpuffers betrieben werden kann.

Ein anderes Systemverhalten wird erkennbar, wenn die Größe VS_R des Vorspeichers variiert. Ihre Änderung wirkt sich unmittelbar auf die Anforderungsrate des peripheren Speichers aus (Bild 5.19).
Den Einfluß von HS_R und VS_R faßt Bild 5.20 zusammen. Die Variation von HS_R ist dem Parameter der Kurven zu entnehmen, die Größe VS_R ($\equiv$ K) verändert den Wert $\frac{\rho}{K}$.

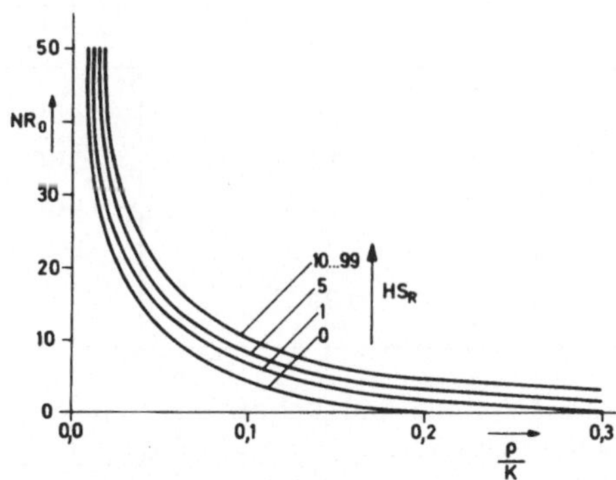

NR_0 : Anzahl anschließbarer Maschinen
HS_R : Länge des Hauptspeichers in NC-Sätzen

Konstanter NC-Satzspeicher		
$HS_R + VS_R = 10$		$\rho = 0{,}155$
HS_R	$VS_R (\equiv K)$	NR_0
0	10	28
1	9	33
2	8	33
3	7	30
4	6	27
5	5	24
6	4	21
7	3	18
8	2	11
9	1	6

Bild 5.20: Unsymmetrische Speicherorganisation bei Prioritäten

Die Kurven $NR_o = f\left(\frac{\rho}{K}\right)$ verlaufen für verschiedene Hauptspeichergrößen dicht nebeneinander; eine Vergrößerung des Hauptspeichers wirkt sich dabei nicht so stark auf die Zahl anschließbarer Maschinen aus wie eine Vergrößerung des Vorspeichers VS_R.

Bild 5.20 enthält in einer Wertetabelle die sich bei <u>konstanter</u> Gesamtspeichergröße je NC ergebende Anzahl steuerbarer Maschinen. Bei geeigneter Wahl des Verhältnisses von Vor- zu Hauptspeicherlänge variiert ihre Zahl um den Faktor 5,5. Gegenüber dem symmetrischen Speicher ergibt sich eine um 37 % größere Zahl steuerbarer Maschinen.
Anhand der Ergebnisse ist es möglich, für einen vorgegebenen Anrufprozeß den Zentralspeicherbedarf zu minimisieren. Ein Zahlenbeispiel soll dieses Verfahren erläutern.
Ausgehend von einer mittleren Satzdauer von 1 s, bei einer mittleren Zugriffszeit des peripheren Speichers von 500 ms, ergibt sich ein ρ-Wert von 0,5. Aus Bild 5.20 liest man für N = 20 Maschinen, je nach Hauptspeichergröße, einen $\frac{\rho}{K}$-Wert zwischen 0,03 und 0,05 ab. Der errechnete Speicherbedarf je NC ist Tabelle 5.1 zu entnehmen.

HS_R	$\frac{\rho}{K}$	K	$HS_R + VS_R$ (≡K)	SP_R
abgelesen		errechnet		
0	0,025	20	20	400
1	0,030	17	18	360
5	0,035	15	20	400
10	0,040	14	24	480
99	0,05	10	109	2180

<u>Tabelle 5.1:</u> Speicherbedarf je NC und Gesamtspeicherbedarf SP_R für 20 Maschinen bei Prioritäten, in NC-Sätzen

Gegenüber der symmetrischen Speicherorganisation (K = 14, errechnet) verkleinert sich der Puffer im Zentralspeicher - bei einer Wahl von HS_R = 1 und VS_R = 17 - um 36 %, ohne daß das Zeitverhalten des DNC-Systems sich verschlechtert. Nimmt man weiter an, daß ein 16-Bit-Rechner zum Einsatz kommt und das NC-Zeichen mit 8 Bit codiert wird, reduziert sich der Zentralspeicherbedarf, bei einer mittleren Satzlänge von 15 Zeichen,

um 1500 Rechnerworte bei 20 Maschinen. Die für die Organisation eines unsymmetrischen Speichers notwendigen Programmteile unterscheiden sich in ihrem Zentralspeicherbedarf nicht von den Programmen, die für die Verwaltung des symmetrischen Wechselpuffers notwendig sind.
Bei einem unsymmetrischen Speicher muß statt der Umschaltung zwischen den Pufferhälften der Umladevorgang vom Vor- in den Hauptspeicher programmiert werden, der etwa denselben Umfang an Logik benötigt. Die Einsparung an Zentralspeicher bei Einsatz eines unsymmetrischen Datenpuffers steht damit dem Anwender ohne Einschränkung zur Verfügung.
Eine weitere Aussage leitet sich aus den Kurven in Bild 5.20 ab. Geht man davon aus, daß der Hauptspeicher mehr als einen Satz puffert, ist es nicht erforderlich, in der Hardware des Prozeßelements einen NC-Satz zu puffern. Die Hardwarespeicher verbessern das Zeitverhalten des Systems hier nur unwesentlich Diese Aussage gilt nicht für den Fall, daß eine zeichenweise Datenübertragung die Organisation des Rechners stark belastet. Hier bietet der Einsatz eines Prozeßelements, das einen Satz puffert und die NC-Zeichen fremdgesteuert an die NC weitergibt, einige Vorteile (Bild 5.7).

5.5 DNC-BTR-System mit Vorzugszylinder auf dem Externspeicher und programmgesteuerter Datenausgabe

Für das in Kapitel 3 beschriebene Fertigungssystem kommt ein DNC-Konzept zum Einsatz, das sich von den bisher beschriebenen Systemen dadurch unterscheidet, daß der periphere Speicher unterteilt ist in einen Vorzugsbereich (Vorzugszylinder) und einen Nachladebereich [10]. Das zugehörige Modell zeigt Bild 4.12.
Im Vorzugsbereich sind für jede NC im Mittel 75 NC-Sätze abgelegt, zu denen der Rechner bei jeder Satzausgabe mit einer mittleren Zeit von 12,5 ms zugreift.
Der Nachladebereich des Speichers lädt mit einer mittleren Zugriffszeit von 300 ms dann Daten nach, wenn der Vorzugsbereich bis auf 15 NC-Sätze abgearbeitet ist.
Die besonderen Merkmale dieser Struktur ergeben sich aus der

Tatsache, daß die Datenausgabe aus dem Vorzugszylinder für alle numerischen Steuerungen eine höhere Priorität besitzt als der Datennachschub vom Nachladezylinder. Es kann also der Fall eintreten, daß eine hochpriore Maschine auf Daten vom Nachladezylinder wartet, während der Rechner für eine niederpriore Maschine Daten aus dem Vorzugsbereich ausgibt.

5.5.1 Das Zeitverhalten der NC

Diese Mischung der Prioritäten wirkt sich auf das Zeitverhalten der numerischen Steuerung aus (Bild 5.21). Die numerische Steuerung enthält einen Vor- und einen Hauptspeicher. Das Bild zeigt die stark streuenden, zufälligen Hauptspeicherwartezeiten der NC für einen Simulationslauf mit vorgegebenen Systemkennwerten. Um das Systemverhalten deutlicher zu kennzeichnen, wurde auf die Darstellung gemittelter Hauptspeicherwartezeiten hier verzichtet.

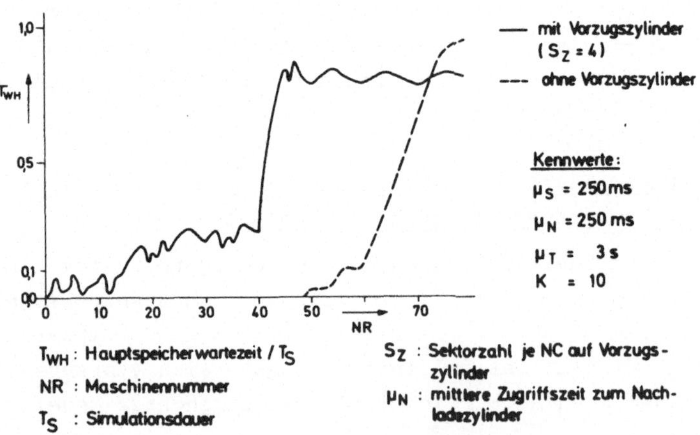

Bild 5.21: Zeitverhalten der NC bei DNC-Systemen mit einem Vorzugszylinder auf dem peripheren Speicher

Während bei einem DNC-System ohne Vorzugszylinder die Hauptspeicherwartezeit der NC ab einem festen Wert NR_O = 49 rasch ansteigt, treten bei Systemen mit Vorzugszylindern auch bei hochprioren Maschinen bereits Wartezeiten auf. Die Kurven

zeigen an einem Beispiel das Verhalten unter der Annahme, daß die Zugriffszeit zum Vorzugszylinder genau so groß ist wie die mittlere Zugriffszeit zum peripheren Speicher bei Systemen ohne Vorzugszylinder. Die Wartezeit hochpriorer Maschinen kann, bedingt durch die lange Zugriffszeit zum Nachladezylinder, im Bereich von mehreren Prozent liegen.
Da das System auch dann den Vorzugszylinder verlassen muß, sobald z. B. NC-Daten eingelesen oder Anwenderprogramme assembliert werden, unterliegt diese Struktur besonderen Einschränkungen bezüglich der Zahl der Hintergrundaufgaben.
Während bei den bisher beschriebenen Systemen die Rufdauer unabhängig war von der Anzahl der angeschlossenen Maschinen, zeigt sich bei dieser Organisationsform eine Abhängigkeit der Rufdauer von N. Das Verhalten des Systems stellt damit eine Mischform von prioritäts- und FIFO-organisiertem System dar.

5.5.2 Einfluß der Nachladeorganisation

Den Einfluß der Nachladeorganisation zeigt Bild 5.22 (unten). Es stellt die Hauptspeicherwartezeit der NC in Abhängigkeit von der Zugriffszeit des Nachladezylinders und der Größe des Vorzugsbereichs je NC dar. Eine Variation der Größe des Vorzugsbereichs S_Z beeinflußt die Hauptspeicherwartezeit hochpriorer Maschinen nur geringfügig. Dieses Verhalten erklärt sich aus der Tatsache, daß das Modell S_Z Sektoren nachlädt, den Nachladevorgang aber erst mit Beginn der Abarbeitung des letzten Sektors auf dem Vorzugszylinder aufruft.
Ein anderes Verhalten zeigt sich dagegen für eine Variation der Zugriffszeit zum Nachladezylinder (Bild 5.22 oben). Hier nimmt die Hauptspeicherwartezeit mit steigender Zugriffszeit für hochpriore Maschinen zu. Dieses Verhalten macht es notwendig, auch bei Systemen mit Vorzugszylindern periphere Speicher mit möglichst kleiner Nachladezeit einzusetzen.
Der konkrete Anwendungsfall des von [10] beschriebenen DNC-Systems entspricht näherungsweise der Kurve μ_N = 250 ms und einer konstanten Sektorzahl S_Z = 5 in Bild 5.22. Der Verlauf zeigt, daß das DNC-System weit über die geforderte Maschinenzahl N = 24 Maschinen aktuell mit Daten versorgen kann.

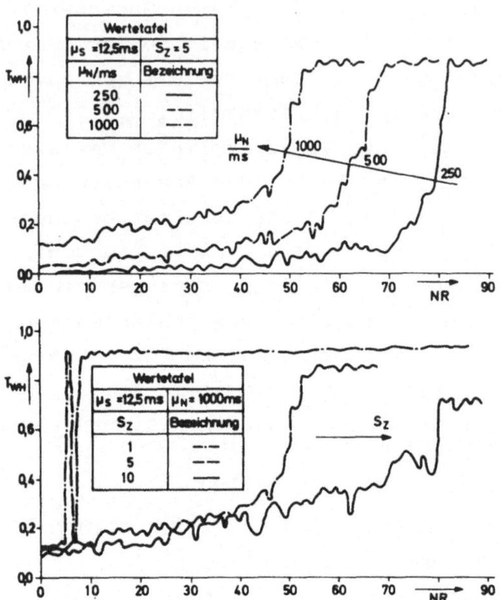

Bild 5.22: Einfluß der Nachladeorganisation

Es können aber für hochpriore Maschinen Wartezeiten, allerdings nur mit Werten kleiner als 0,025, auftreten.
Den Einfluß der Sektorgröße und der Zugriffszeit zum Nachladezylinder schließlich macht Bild 5.23 deutlich.
Es zeigt die Zunahme der mittleren Zugriffszeit zum peripheren Speicher in Abhängigkeit von der Sektorzahl S_Z und der Zugriffszeit des Nachladezylinders.
Zu der Zugriffszeit zum Vorzugszylinder kommt der Anteil hinzu, der auf den Einfluß des Nachladezylinders zurückgeht. Je kleiner dabei die Sektorzahl bzw. je größer die Nachladezeit ist, desto stärker macht sich der Einfluß des Nachladevorgangs bemerkbar. Aus dem Bild leitet sich eine neue mittlere Zugriffszeit des peripheren Speichers ab aus der Summe von ($\mu_S + \mu_{\Delta S}$). Mit diesem Wert kann näherungsweise die Zahl der an-

schließbaren Maschinen nach Gleichung 5.3 berechnet werden, wobei allerdings die Tatsache berücksichtigt werden muß, daß hochpriore Maschinen Hauptspeicherwartezeiten zeigen können.

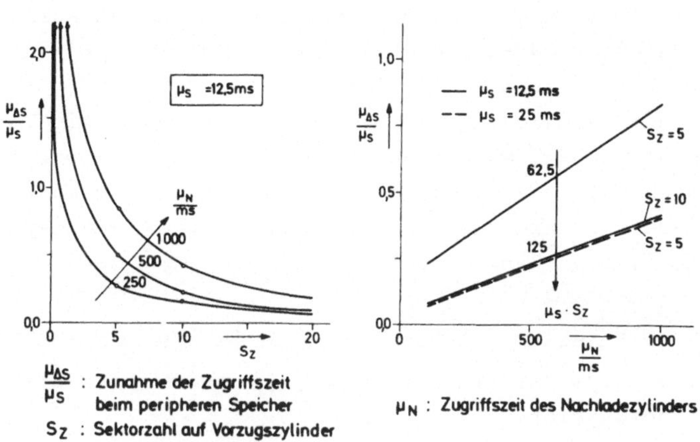

Bild 5.23: Zugriffszeit zum peripheren Speicher

Ein Zahlenbeispiel soll abschließend eine Vorstellung von der Größe der Zugriffszeit des peripheren Speichers bei Systemen mit Vorzugszylindern geben.
Geht man davon aus, daß der periphere Speicher - z. B. Plattenspeicher - eine mittlere Umdrehungswartezeit von μ_S = 12,5 ms und eine Positionierzeit des Lesekopfes von μ_N = 1000 ms besitzt, dann verbessert sich die mittlere Zugriffszeit des gesamten peripheren Speichers, bei einem Wert S_Z = 5, auf 22,5 ms (vgl. Bild 5.23). Dieser Wert entspricht einer Verbesserung der Plattenzugriffszeit um etwa den Faktor 44.

5.5.3 Einsatzmöglichkeiten des Systems mit Vorzugszylinder

Aus dem gezeigten Verhalten lassen sich eine Reihe von Folgerungen für die Einsatzmöglichkeiten dieses DNC-Konzepts ableiten.
Das System ist dort mit Vorteil einzusetzen, wo keine schnel-

len peripheren Speicher zur Verfügung stehen. Durch die Einführung des Vorzugszylinders verbessern sich die mittleren Zugriffszeiten des Speichers entscheidend. Erkauft werden muß diese Verbesserung mit einer Verschlechterung des Zeitverhaltens der NC. Für praxisnahe Werte der anzusteuernden NC-Maschinen erlaubt die Konfiguration aber den Aufbau ausreichend dimensionierter DNC-Systeme, da die zu erwartenden Hauptspeicherwartezeiten sehr klein sind.
Die beschriebene Konfiguration kann deshalb dort mit Vorteil eingesetzt werden, wo der zu steuernde Fertigungsprozeß zeitunkritisch ist, wie es für einige Anwendungen zutrifft. Häufig erlaubt sie hier die Realisierung eines DNC-Konzepts mit einem Minimum an Zentralspeicherbedarf.

5.6 DNC-RST-Systeme mit einem zentralen Interpolationsrechner

Bild 4.13 zeigt das Simulationsmodell, das ein Reststeuerungskonzept beschreibt.
Eine Bedieneinheit mit einer Warteschlange und zwei Speicherplätzen stellt die Reststeuerung dar. Hat sie ein Segment eines Satzes abgearbeitet [10, 17], fordert sie vom Interpolationsrechner neue Information nach; dieser Rechner bedient die Reststeuerungen zyklisch. Der periodische Programmanstoß ermöglicht den Einsatz einfacher Rechnerbetriebssysteme, da es keine aufwendige Warteschlangenverwaltung wie bei interruptgesteuerten Organisationen realisieren muß. Die Literatur bezeichnet dieses Verfahren als "Scannerprinzip".
Der Interpolationsrechner (häufig auch als Geometrierechner bezeichnet) erhält seine Information in Form aufbereiteter NC-Sätze vom Datenverteilrechner (Bild 2.8). Den Speicher für NC-Daten des Datenverteilrechners lädt sein peripherer Speicher auf Anforderung nach.
Innerhalb des Modells sind damit drei Abläufe zu erkennen: die Segmentschleife, welche die Reststeuerung bedient, die Satzschleife, die NC-Sätze vom Datenverteilrechner nachfordert und die Nachfüllschleife für den Zwischenpuffer im Zentralspeicher des Datenverteilrechners. An ihre Stelle kann ein übergeordneter Fertigungsrechner treten. Die Satzschleife

des beschriebenen Modells entspricht in ihrem Aufbau und in ihrem Zeitverhalten dem Datenverteilsystem der DNC-BTR-Konzepte.
Für die wesentlichen Einflußgrößen "Scannerumlaufzeit", die das Verhalten der Segmentschleife beeinflußt und der mittleren Zugriffszeit des peripheren Speichers, die die Eigenschaften der Nachfüllschleife des Datenverteilrechners bestimmt, finden sich mit Hilfe von Simulationsläufen die im folgenden dargestellten Zusammenhänge.

5.6.1 Das Zeitverhalten der Reststeuerung

Bild 5.24 zeigt die normierte Wartezeit der Reststeuerung. Der Interpolationsrechner bedient dabei die Hardwarereste der Reststeuerung zyklisch, d. h. erst wenn ein zyklisch umlaufendes Programm die anfordernde Maschine erreicht, werden für sie neue Lagesollwerte berechnet bzw. an sie ausgegeben.

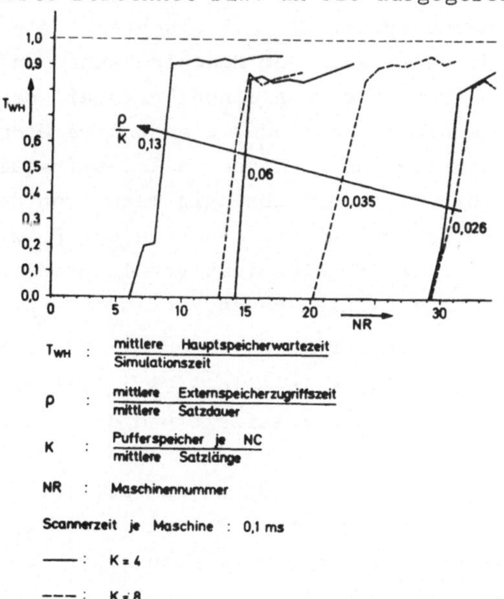

Bild 5.24: Hauptspeicherwartezeit der Reststeuerung

Bei einem genügend schnellen Scannerumlauf verhalten sich die Hardwarereste an der Arbeitsmaschine wie numerische Steuerun-

gen mit Vor- und Hauptspeicher. Die NC-spezifischen Speicher im Interpolationsrechner bedient der Datenverteilrechner mit aufbereiteten NC-Sätzen. Da die Organisation der Satzschleife denselben Aufbau wie die Datenanforderungsschleife in DNC-BTR-Systemen zeigt, ist für sie dasselbe Zeitverhalten wie für diese Konzepte zu erwarten (vgl. Bild 5.5).
Die Kurven entsprechen dem in Bild 5.5 dargestellten Verhalten. Ihr Verlauf legt auch hier eine weitergehende Normierung nahe, die die Hauptspeicherwartezeit aufträgt über $NR \cdot \frac{\rho}{K}$ (Bild 5.25). Die Kurven in Bild 5.24 fallen mit dieser Normierung in einen Kurvenzug zusammen, wobei die Größe der Hauptspeicherwartezeiten für Werte von $NR \cdot \frac{\rho}{K} \leqq 0{,}75$ allein abhängig ist von dem Verhältnis der minimalen Segmentdauer zur Scannerumlaufzeit.

5.6.2 Minimale Segmentdauer und Scannerumlaufzeit

Der Begriff "Segmentdauer (T_{seg})" beschreibt die Zeit, nach der sich die Hardwarereste der Maschinenachsen am Interpolationsrechner melden. Sie kann einen Bruchteil der NC-Satzdauer betragen; ihr Minimalwert findet eine untere Grenze in der nach dem Abtastkriterium berechneten Abtastfrequenz [45], die die minimale Abtastfrequenz abhängig macht von der Grenzfrequenz der Lageregelkreise. Bei einer in der Praxis üblichen Grenzfrequenz des Lageregelkreises von 10 Hz beträgt die Abtastfrequenz nach dem angegebenen Verfahren (80...100) Hz, entsprechend einer minimalen Segmentdauer von ungefähr 10 ms.

Die Simulationsergebnisse in Bild 5.25 zeigen den Zusammenhang zwischen der Scannerumlaufzeit und der minimalen Segmentdauer.
Sie machen deutlich, daß der Scannerumlauf für alle angeschlossenen Maschinen innerhalb der minimalen Segmentdauer $(T_{seg})_{min}$ abgeschlossen sein muß, wenn keine Hauptspeicherwartezeiten auftreten dürfen.
Bild 5.26 zeigt diese Zusammenhänge deutlicher. Aufgetragen ist über dem Verhältnis der Scannerumlaufzeit zur minimalen Segmentdauer die Hauptspeicherwartezeit aller Reststeuerungen. Ist die Scannerumlaufzeit kleiner als die minimale Segment-

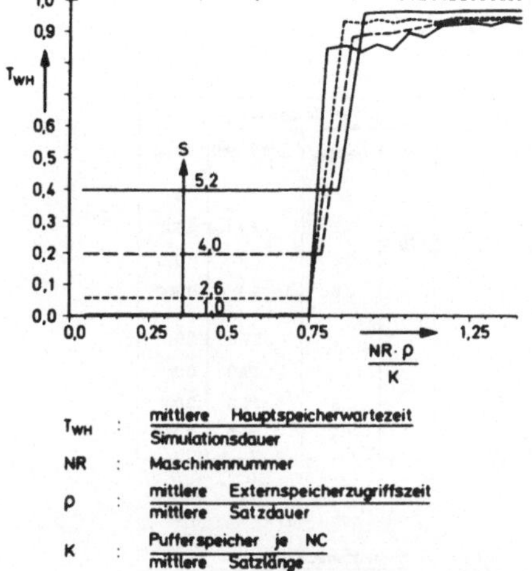

T_{WH} : $\frac{\text{mittlere Hauptspeicherwartezeit}}{\text{Simulationsdauer}}$

NR : Maschinennummer

ρ : $\frac{\text{mittlere Externspeicherzugriffszeit}}{\text{mittlere Satzdauer}}$

K : $\frac{\text{Pufferspeicher je NC}}{\text{mittlere Satzlänge}}$

N : Zahl der angeschlossenen Maschinen

$(T_{seg})_{min}$: minimale Segmentdauer

T_{SC} : Scannerzeit je Reststeuerung

S : Scannerumlaufzeit

$S = \frac{N \cdot T_{SC}}{(T_{seg})_{min}}$

Bild 5.25:
Einfluß der Scannerumlaufzeit auf die Hauptspeicherwartezeit

dauer, werden alle Maschinen voll bedient, über dieser Grenze treten rasch Hauptspeicherwartezeiten auf.
Die Umkehrung dieser Aussage erlaubt die Dimensionierung der Zahl der angeschlossenen Reststeuerungen, wenn man von einer konstanten Bedienzeit des Interpolationsrechners T_{SC} je Reststeuerung und einer vorgegebenen minimalen Segmentdauer ausgeht. Sind diese Werte bekannt, berechnet sich die Zahl der anschließbaren Reststeuerungen aus der Gleichung 5.11 mit:

$$N \leqq \frac{(T_{seg})_{min}}{T_{SC}} \qquad (5.11)$$

Die Anzahl der bedienbaren Maschinen läßt sich durch eine Reduzierung der Scannerumlaufzeit nicht beliebig steigern, da das Zeitverhalten der Satzschleife die maximale Anzahl steuerbarer Maschinen begrenzt. Sie ist nur durch eine kleinere Zugriffszeit des peripheren Speichers oder durch Zwischenspei-

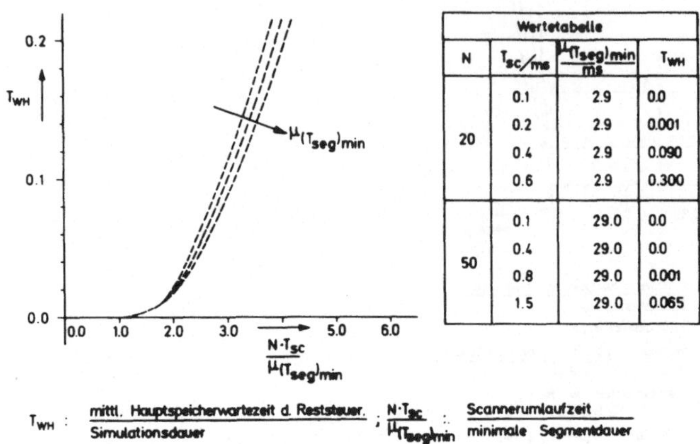

Wertetabelle			
N	T_{sc}/ms	$\mu(T_{seg})_{min}$/ms	T_{WH}
20	0.1	2.9	0.0
	0.2	2.9	0.001
	0.4	2.9	0.090
	0.6	2.9	0.300
50	0.1	29.0	0.0
	0.4	29.0	0.0
	0.8	29.0	0.001
	1.5	29.0	0.065

Bild 5.26: Einfluß der Scannerzeit

chern von K Sätzen in dem Zentralspeicher des Datenaufbereitungsrechners zu beeinflussen.
Bild 5.27 zeigt qualitativ dieses Zeitverhalten des Reststeuerungssystems an einem Modell. Aufgetragen ist über der Anzahl der bedienbaren Maschinen N und der Scannerzeit je Reststeuerung die Hauptspeicherwartezeit T_{WH}. Nur in dem im Bild schraffiert angegebenen Bereich finden sich realisierbare Wertepaare von T_{SC} und N. Beachtet man die so ermittelten Grenzen, kann das Steuerungskonzept die geforderte Anzahl von Steuerungen verwalten.

6. Dimensionierungshinweise für DNC-Systeme (Zusammenfassung)

Aus den bisherigen Untersuchungen können folgende Dimensionierungshinweise abgeleitet werden:

1. Wesentlichen Einfluß auf die Systemauslegung hat das Zeitverhalten des zu steuernden Prozesses. Die ihn charakterisierenden Größen lassen sich mit den in Kapitel 3.3 dargestellten Verfahren aufbereiten und auswerten.

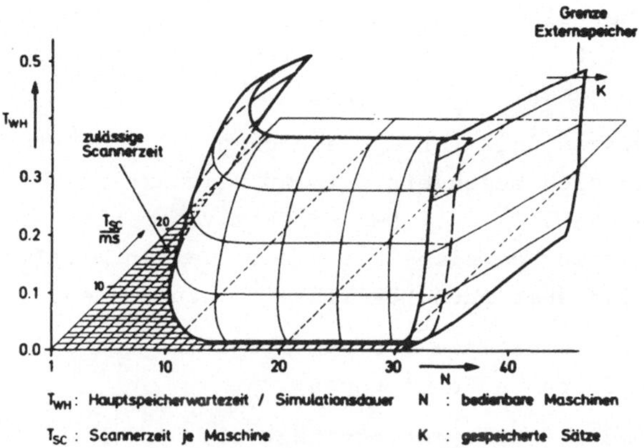

Bild 5.27: Modell des Zeitverhaltens von Reststeuerungssystemen

2. Daneben muß die Auslegung die zusätzlich zu realisierenden Aufgaben des DNC-Systems berücksichtigen (Kap. 3.4). Hierbei sind insbesondere der benötigte Zentralspeicherbedarf bzw. die Häufigkeit der Datentransfers zum peripheren Speicher von Bedeutung.

Mit diesen Angaben können die E/A-Peripherie des einzusetzenden Rechners bzw. die benötigten peripheren Speicher ausgewählt werden.
Der Aufbau des DNC-Programmpakets, das die Datenverteilung realisiert, muß folgende Gesichtspunkte berücksichtigen:

3. Der prioritätsgesteuerten Abfertigung ist gegenüber der FIFO-Organisation der Vorzug zu geben (Kap. 5.2.3.1).

4. Die Frage, ob eine programmgesteuerte oder eine fremdgesteuerte Ausgabe der NC-Daten aus dem Zentralspeicher aufgebaut werden soll, kann mit den Ausführungen in Kapitel 5.2.3 beantwortet werden:
Wird das Verhältnis der Satzausgabezeit zur Organisationszeit im Rechner sehr klein, ist der Einsatz einer fremd-

gesteuerten Datenausgabe sinnvoll. Erlaubt der Anrufprozeß aber eine satz- oder blockweise Ausgabe der NC-Zeichen, ist einer programmgesteuerten Datenausgabe der Vorzug zu geben.

5. DNC-Systeme mit Vorzugsbereichen auf dem Externspeicher eignen sich besonders gut für zeitunkritische Anrufprozesse (Kap. 3.3.5). Der Einsatz von peripheren Speichern ohne Vorzugsbereiche mit einer kleinen mittleren Zugriffszeit ist aber nach Möglichkeit anzustreben.

Bezüglich der einzelnen Systemkomponenten des DNC-Systems ergeben sich folgende Forderungen:

6. Bei DNC-BTR-Systemen begrenzt die Speicherkapazität und nicht die Zykluszeit der Zentraleinheit die Zahl der anschließbaren Steuerungen.

7. Der Zentralspeicherbedarf läßt sich bei Verwendung von unsymmetrischen Datenausgabepuffern (Kap. 5.4.4) minimisieren. Die Größe des Zentralspeichers errechnet sich aus der Größe des Rechnerbetriebssystems, dem DNC-Programm, dem Datenausgabepuffer und dem Laufbereich für Hintergrundaufgaben.

8. Ergibt die Abschätzung der Auslastung des peripheren Speichers (Kap. 5.4.2) einen hohen Auslastungsgrad, sollten zwei periphere Speicher eingesetzt werden. Der schnelle periphere Speicher ist dabei der Datenverteilung, der langsame periphere Speicher dagegen den Hintergrundaufgaben zuzuordnen.

9. Dem Nachladevorgang der NC-Daten ist eine möglichst hohe Priorität zuzuweisen.

10. Die Übertragungsgeschwindigkeit des Datenübertragungssystems muß so hoch gewählt werden, daß das beschriebene Koppelelement maximal zu 90 % ausgelastet ist (Kap. 5.2.5).

11. Im Gegensatz zu DNC-BTR-Systemen muß die Auslegung des Interpolationsrechners von DNC-RST-Systemen die Zykluszeit der Zentraleinheit berücksichtigen (Kap. 5.6).

12. Es ist zweckmäßig, das Verhalten einer nach diesen allgemeinen Dimensionierungshinweisen gewählten DNC-Struktur vor dem Aufbau der zeit- und kostenaufwendigen Hardwarephase mit Simulationsläufen auf Engpässe zu überprüfen.

7. Zusammenfassung

Bei der beinahe unübersehbaren Fülle der Anwendungsmöglichkeiten des Digitalrechners für die Steuerung mehrerer unabhängiger Arbeitsmaschinen erschien es zunächst angebracht, eine umfassende Analyse bestehender, rechnergeführter Steuerungskonzepte durchzuführen.
Als Ordnungsgesichtspunkte wurden die Funktionen "Datenverteilung" und "NC-Steuerungsaufgaben" herangezogen. Die funktionale Gliederung der Steuerungssysteme nach diesen Gesichtspunkten erlaubte die Unterscheidung von fünf grundsätzlich verschiedenen Einsatzbereichen für den Digitalrechner.
Für die Praxis sind dabei DNC-Systeme, die die Datenverteilung von Steuerdaten für mehrere unabhängige numerische Steuerungen übernehmen, von besonderer Bedeutung.
Neben der Funktion "Datenverteilung" realisieren die eingesetzten Steuerungskonzepte eine Vielzahl weiterer Steuerungsaufgaben. Am Beispiel des DNC-Systems eines flexiblen Fertigungssystems wurden die hier zusätzlich benötigten Funktionen hergeleitet und dargestellt.
Für die Auslegung dieser Systeme ist die Kenntnis der zeitlichen Auslastung einzelner Systemkomponenten wichtig. Ergebnisse für den anstehenden Themenkreis können mit verschiedenen Untersuchungsmethoden aufbereitet werden, wobei die für die vorliegende Problemstellung besonders geeignete Simulation der DNC-Systeme auf Großrechnern angewendet und weiter ausgearbeitet wurde.
Die für die Einsatzmöglichkeiten dieser Entwurfsmethode entscheidende Fragestellung, wie gut die so ermittelten Ergebnisse mit dem tatsächlichen Systemverhalten übereinstimmen, beantwortet ein Vergleich der an einem realisierten DNC-System gemessenen mit den aus der Simulation ermittelten Kenndaten.

Es zeigte sich, daß die Methode "Simulation" für die vorliegende Problemstellung geeignet ist.
Das mit diesem Hilfsmittel aufbereitete Zeitverhalten der einzelnen Systemkomponenten wurde für die am häufigsten eingesetzten Steuerungssysteme abschließend ausführlich dargestellt und gleichzeitig jeweils auf die Konsequenzen für den Steuerungsentwurf hingewiesen. Sämtliche Diagramme sind dabei vollständig normiert, so daß Aussagen für einen breiten Anwendungsbereich möglich werden.
Die wesentlichsten Ergebnisse faßt abschließend Kapitel 6 zusammen.
Mit der vorliegenden Arbeit steht damit ein Hilfsmittel bereit, das gleichermaßen für den Systementwurf wie für die Systemanalyse geeignet ist und das die Untersuchung der Vielzahl komplexer Fragestellungen erlaubt, die bei dem Entwurf von DNC-Systemen auftreten.

Berichte aus dem Institut für Steuerungstechnik der Werkzeugmaschinen und Fertigungseinrichtungen der Universität Stuttgart

---

Herausgegeben von Prof. Dr.-Ing. G. Stute

ISW 1

Numerische Bahnsteuerung
Beitrag zur Informationsverarbeitung und Lageregelung.

Von Dr.-Ing. **Dietmar Schmid**,
1972, 89 S. mit 44 Bildern

ISBN 3-540-05834-6, ISBN 0-387-05834-6
Kart. DM 24,–

ISW 2

Fräsbearbeitung gekrümmter Flächen
Flächenbeschreibung, Programmierung und Fertigung

Von Dr.-Ing. **Horst Schwegler,**
1972, 111 S. mit 36 Bildern

ISBN 3-540-05835-4, ISBN 0-387-05835-4
Kart. DM 24,–

ISW 3

Numerisch gesteuerte Mehrachsenfräsmaschinen
Fräsbahnabweichungen aufgrund der Kinematik und Interpolation.

Von Dr.-Ing. **Jörg Eisinger**,
1972, 90 S. mit 45 Bildern

ISBN 3-540-05836-2, ISBN 0-387-05836-2
Kart. DM 24,–

ISW 4 **Rechnersteuerung von Fertigungseinrichtungen**

Beitrag zur Automatisierung der Fertigung durch den Einsatz von Digitalrechnern.

Von Dr.-Ing. **Rainer Nann**,
1972, 125 S. mit 45 Bildern

ISBN 3-540-05911-3, ISBN 0-387-05911-3

Kart. DM 36,–

ISW 5 **Zweiachsige Nachformeinrichtungen**

Untersuchung der Lageregelung bei einem stetigen System.

Von Dr.-Ing. **Gerhard Augsten**,
1972, 140 S. mit 71 Bildern

ISBN 3-540-05912-1, ISBN 0-387-05912-1

Kart. DM 36,–

ISW 6 **Die Automatisierung der Fertigungsvorbereitung durch NC-Programmierung**

Von Dr.-Ing. **Bernhard Karl**,
1972, 121 S. mit 44 Bildern

ISBN 3-540-05913-X, ISBN 0-387-05913-X

Kart. DM 30,–

ISW 7 **NC-Programmiersystem**

Beitrag zur numerischen Verarbeitung eines geometrischen Werkstückbeschreibungssystems

Von Dr.-Ing. **Helmut Eitel**,
1973, 117 S. mit 49 Bildern

ISBN 3-540-05914-8, ISBN 0-387-05914-8

Kart. DM 30,–

ISW 8

Numerische Bahnsteuerung zur Erzeugung von Raumkurven auf rotationssymmetrischen Körpern

Von Dr.-Ing. **Eckhard Knorr**,
1973, 130 S. mit 57 Bildern

ISBN 3-540-06464-8, ISBN 0-387-06464-8
Kart. DM 36,–

ISW 9

Viskohydraulischer Vorschubantrieb
Entwicklung und Erprobung

Von Dr.-Ing. **Siegfried Bumiller**
1974, 123 S. mit 66 Bildern

ISBN 3-540-06885-6, ISBN 0-387-06885-6
Kart. DM 36,–

ISW 10

Grenzregelung an Werkzeugmaschinen
Beitrag zur Auslegung und Bewertung von ACC-Systemen

Von Dr.-Ing. **Klaus Maier**
1974, 140 S. mit 68 Bildern

ISBN 3-540-06886-4, ISBN 0-387-06886-4
Kart. DM 40,–

ISW 11

NC-Programmierung

Rechnerunterstützte Auswahl von Fräswerkzeugen

Von Dr.-Ing. **Joos Waelkens**
1974, 160 S. mit 69 Bildern
ISBN 3-540-07059-1, ISBN 0-387-07059-1
Kart. DM 44,–

Springer-Verlag
Berlin · Heidelberg · New York